A L

PREMIÈRES NOTIONS
SUR
LES PIERRES ET LES TERRAINS

Autres ouvrages du même auteur :

Minéraux Animaux, Végétaux, premières notions des sciences physiques et naturelles, rédigées sous forme de *Leçons de Choses* conformément au programme prescrit pour la Classe préparatoire et la Classe de Huitième des lycées, par *M. E. Bouant :* 4e édition ; 1 vol. in-12, *avec 221 vignettes dans le texte,* *rel. toile,* 1 f. 50 c.

Leçons de Choses, récits et lectures sur les Solides, l'Eau, l'Air, à l'usage de tous les enfants de 8 à 12 ans, par *M. E. Bouant :* 5e édition ; 1 vol. in-12, *avec* 105 *gravures dans le texte,* *cart.* 2 f.

Premiers Éléments des Sciences expérimentales, par *M. E. Bouant :* 5e édition ; in-12, *avec* 85 *gravures dans le texte,* *cart.* 1 f. 25 c.

Notions élémentaires de Physique et de Chimie, rédigées surtout au point de vue expérimental, par *M. E. Bouant :* 4e édition ; 1 vol. in-12, *avec* 109 *gravures dans le texte,* *cart.* 2 f.

Ouvrages pour la Classe de Septième :

Histoire sommaire de la France depuis la mort de Louis XI jusqu'à 1815, rédigée conformément aux programmes officiels prescrits pour la *Classe de Septième* des lycées, par *M. Choublier,* professeur d'histoire au lycée Condorcet et au collège Chaptal : 2e édition, in-12, *avec 28 vignettes et 16 cartes,* *rel. toile,* 1 f. 25 c.

Éléments de Grammaire française de Lhomond, édition annotée et complétée par *M. Deltour*, inspecteur général de l'instruction publique : 25e édition ; 1 vol. in-12, *cart.* 75 c.

Premiers principes de Grammaire française, à l'usage des *Classes élémentaires,* extraits de la Grammaire complète, par *A. Lemaire,* professeur du lycée Louis-le-Grand et maître de conférences de l'École normale supérieure : 2e édition ; 1 vol. in-12, *cart.* 75 c.

Morceaux choisis des Prosateurs et Poëtes français, à l'usage des Classes élémentaires, avec notes explicatives, par *L. Feugère,* professeur du lycée Henri IV : 50e édition ; 1 vol. in-18, 1 f. 50 c.

Premier Guide dans l'étude de la Langue allemande, par *M. Ph. Matz,* professeur du lycée Condorcet : 1re Partie, division élémentaire : 3e édition ; 1 vol. in-12, *cart.* 1 f. 25 c.

Lectures enfantines, en allemand, par *M. Schmitt,* professeur de langue allemande au lycée Condorcet ; grand in-18, *cart.* 1 f. 25 c.

Recueil de Morceaux choisis, Anecdotes, Fables, Contes, Descriptions, en anglais, suivis de petits *Thèmes d'imitation,* à l'usage des Classes de Huitième et de Septième, avec notes et vocabulaires par *A. Elwall,* professeur du lycée Henri IV : 6e édition ; in-12, *cart.* 1 f. 20 c.

Day (Th.) Sandford et Merton, récits choisis, édition classique, précédée d'une notice littéraire par *A. Elwall ;* 1 vol. in-18, *cart.* 1 f. 10 c.

Edgeworth (Miss). Choix de Contes, suivi de *Old Poz,* édition classique, précédée d'une notice littéraire par *A. Elwall ;* 1 vol. in-18, *cart.* 1 f. 50 c.

PREMIÈRES NOTIONS
SUR
LES PIERRES ET LES TERRAINS

RÉPONDANT AU PROGRAMME DES LYCÉES

Par Émile BOUANT

AGRÉGÉ DES SCIENCES PHYSIQUES
PROFESSEUR AU LYCÉE CHARLEMAGNE

SIXIÈME ÉDITION

PARIS

IMPRIMERIE ET LIBRAIRIE CLASSIQUES

DELALAIN FRÈRES

115, BOULEVARD SAINT-GERMAIN, 115

PROGRAMME

(Classe de Septième.)

Premières notions sur les Pierres et les Terrains.

Le professeur n'oubliera pas qu'il s'agit ici d'un enseignement oral, purement descriptif, très élémentaire, et portant sur des objets placés sous les yeux des élèves.

L'enseignement sera complété, quand cela sera possible par des excursions dirigées par le professeur lui-même.

Pierres qui font effervescence avec les acides. — Calcaires : pierre à bâtir, marbre, craie, 6-14. — Action de la chaleur sur le calcaire : fours à chaux, chaux, mortiers, 15-19.

Pierres qui ne font pas effervescence avec les acides. Pierre à plâtre. Action de la chaleur sur la pierre à plâtre, propriétés du plâtre, 19-24.

Argile : plasticité de l'argile ; effets de la cuisson ; briques, poteries, faïence, porcelaine, 24-34.

Pierres siliceuses : cristal de roche, agate, silex, pierre à fusil, pierres meulières, grès, 35-41.

Granit : structure complexe du granit, 42-45.

Sables et cailloux roulés, 45-46.

Terre végétale : terres sablonneuses et argileuses, 47-68.

Dépôts formés par les eaux. Fossiles, 87-117. — Carrières, 128-155.

Volcans, 117-128.

1899.

PREMIÈRES NOTIONS

SUR

LES PIERRES ET LES TERRAINS

PREMIÈRE PARTIE.

PIERRES.

CHAPITRE Ier.

CARACTÈRES DISTINCTIFS DES PIERRES.

Quand vous vous promenez dans la campagne, vous rencontrez à chaque pas des *animaux*, des *végétaux* et des *minéraux*. Nous étudierons plus tard les animaux et les végétaux; cette année nous parlerons seulement des minéraux.

Les *minéraux* sont *inanimés* et *ne vivent pas*. Les uns sont *gazeux*, comme l'air, les autres *liquides*, comme l'eau, d'autres enfin, plus nombreux, sont *solides*, comme les pierres et la terre. Nous parlerons d'abord de ceux qui sont solides.

Pierres et terres. — Regardez les minéraux solides qui vous entourent. Les uns sont en morceaux d'une certaine grosseur, durs et résistants au choc : vous les appelez des *pierres*; les autres sont assez mous pour se laisser pétrir dans les mains, ou bien ils sont formés de parties très petites non adhérentes les unes aux autres : vous leur donnez le nom de *terres*.

Dans ce livre, nous changerons un peu ce langage. Nous réserverons le nom de *terre* à la *terre végétale*, dans laquelle poussent les plantes. Vous verrez qu'elle est formée de très petites pierres mélangées avec des débris de plantes, et c'est pour cela que nous l'étudierons à part. Quant à tous les autres minéraux solides, nous les appellerons des *pierres* ou des *roches*, qu'ils soient durs ou tendres, en petits ou en gros morceaux : le sable, la terre glaise seront pour nous des pierres, aussi bien que la pierre à fusil.

De quoi est formée l'écorce du globe. — La terre végétale et l'eau recouvrent presque partout la surface du monde, et c'est parce que la *terre* se voit partout qu'elle a donné son nom à notre globe. Mais grattez un peu le sol : sous la terre apparaîtra bientôt la pierre. Descendez dans un de ces puits si profonds que creusent les mineurs : vous rencontrerez toujours, jusqu'au fond, des pierres entassées sur des pierres. La terre végétale n'est qu'une enveloppe superficielle, d'épaisseur toujours faible : elle recouvre des masses de pierres s'enfonçant sous le sol jusqu'à des profondeurs inconnues.

En bien des endroits, les pierres ne sont même pas recouvertes de terre végétale. Sur les flancs escarpés des montagnes, sur les bords des rivières et des torrents, sur les rivages de la mer, partout enfin où la terre végétale peut être entraînée par les eaux, les pierres se trouvent à nu. Ce sont surtout ces pierres-là que vous connaissez, parce qu'elles s'offrent à chaque instant à vos regards ; mais bientôt vous en connaîtrez d'autres, que nous irons chercher dans le sein de la terre, au fond des *mines* et des *carrières*.

Vous voyez que rien n'est plus abondant au monde que la pierre ; rien ne mérite plus d'attirer votre attention. De plus, les pierres nous fournissent un grand nombre de substances, que l'industrie façonne ou fabrique pour satisfaire à nos divers besoins : nous devons encore les étudier à ce point de vue.

Différentes sortes de pierres. — Toutes les pierres ne se ressemblent pas : il y en a qui sont dures, d'autres qui sont tendres ; les unes sont blanches, les autres diversement colorées ; celles-ci sont légères, et celles-là sont lourdes. Aussi a-t-on donné aux pierres des noms différents, pour les distinguer les unes des autres. Je veux d'abord vous indiquer à quels *signes*, à quels *caractères*, on distingue les pierres les unes des autres : il faut que, en voyant et en touchant une pierre, vous puissiez dire quel en est le nom, puis à quels usages elle est employée.

Couleur. — La première chose qui vous frappe, lorsque vous regardez une roche, c'est sa *couleur*. Mais pour nous ce caractère n'aura pas une grande importance : car il n'a aucune influence sur les usages de la roche. Il vous importe peu, n'est-ce pas, d'avoir une maison blanche, rouge ou noire, pourvu que cette maison soit solide, qu'elle vous préserve bien du froid et de la pluie, et qu'elle se conserve longtemps en bon état. Et puis, la couleur est trop variable dans les pierres pour que nous y fassions grande attention : vous avez vu du *marbre* de toutes les couleurs, et, malgré ces changements de nuance, vous avez toujours parfaitement reconnu le marbre.

Densité. — Soulevez maintenant la pierre : vous la trouvez plus ou moins lourde. Cette *pierre ponce*, par exemple, est aussi légère que du bois, tandis que ce *minerai de fer* vous semble presque aussi lourd que le fer même[1]. C'est là un caractère plus important que le premier. Toute pierre qui vous semble lourde comme un métal renferme un métal, et sert fort souvent à obtenir ce métal : le fer, le cuivre, le

1. Conformément aux instructions ministérielles, le professeur doit avoir à sa disposition un certain nombre d'échantillons, qu'il est indispensable de mettre sous les yeux des élèves.

plomb, le zinc,... sont extraits de pierres très lourdes, dont je vous parlerai. Au contraire, des roches plus légères, pierre à bâtir, pierre à fusil, on ne tire jamais de métaux. N'allez pas croire qu'elles soient inutiles pour cela; elles sont aussi précieuses que les premières, et vous le verrez bientôt.

Dureté. — Prenez une pierre à la main et essayez de la rayer avec l'ongle. Si vous y parvenez, cela vous prouvera qu'elle est *tendre :* le *talc*, dont se servent les tailleurs pour tracer des lignes sur le drap, est dans ce cas.

Voici, au contraire, de la pierre à bâtir ordinaire : l'ongle ne peut l'entamer; mais il vous est facile de la rayer avec la pointe d'un canif : la pierre à bâtir est *demi-dure.*

Passez maintenant à cette pierre à fusil; votre canif ne peut rien contre elle, et c'est à peine si une bonne lime parviendra à l'attaquer : la pierre à fusil est *dure.* Le diamant le serait plus encore, et la lime s'userait dessus sans le rayer.

Aucun caractère n'est plus essentiel que celui-là, car, avant tout autre, il détermine les usages des pierres. Vous pensez bien qu'on n'ira pas construire des maisons avec du talc, quand même on en aurait des quantités suffisantes; on n'en bâtira pas non plus avec des pierres aussi dures que la pierre à fusil : car il serait à peu près impossible de les tailler.

Ténacité. Cassure. — Les pierres se façonnent d'habitude à l'aide du marteau : nous avons donc un grand intérêt à étudier l'action du marteau sur les roches. Il ne faudrait pas croire que les plus dures se cassent toujours le plus difficilement. Le diamant, le plus dur de tous les corps, qui n'est rayé par aucun autre, se brise facilement sous le choc du marteau : certaines pierres sont en même temps *très dures* et *très fragiles.*

La *ténacité* est la propriété qu'ont les pierres de résister plus ou moins au choc du marteau.

Nous aurons à considérer non seulement la résistance au choc, mais, en outre, la forme et l'aspect de la *cassure*.

La *craie*, qui est *friable*, s'écrase et se pulvérise sous le choc du marteau, de même qu'elle s'écrase quand on la frotte contre un tableau noir. Le calcaire à bâtir se casse en fragments, comme du sucre : la cassure est mate, sans éclat et sans forme particulière.

La cassure de la pierre à fusil est complètement différente de celle-là : sur l'une des surfaces mises à nu, elle présente une cavité arrondie, et sur l'autre, une bosse correspondante (*fig.* 1); sur les bords de la cassure, la pierre est assez mince pour être presque transparente, et ces minces arêtes sont aussi coupantes que des lames de couteau.

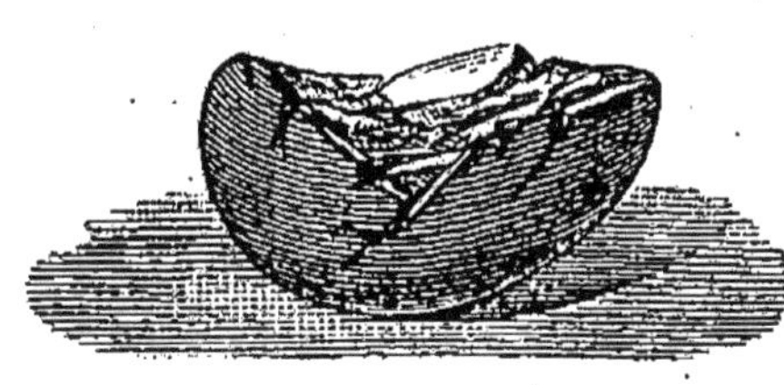

Fig. 1. — Cassure de silex.

La ténacité et l'aspect de la cassure sont des propriétés qu'il importe d'examiner, quand on veut employer les pierres à tel ou tel usage.

Composition des pierres. — Nous avons fait un peu de *chimie* dans le chapitre X des *Premiers Éléments des Sciences expérimentales*. Nous avons vu que l'*oxygène* peut se *combiner* avec le phosphore, avec le charbon, avec le fer, pour former des *corps composés* fort différents les uns des autres, et auxquels nous avons donné les noms d'*anhydride phosphorique*, d'*anhydride carbonique*, de *rouille*.

De même, les pierres sont généralement des *corps composés* formés par la *combinaison* d'autres corps. Mais les caractères simples que nous venons d'examiner ne peuvent pas nous renseigner sur les éléments qui constituent les diverses pierres. Pour avoir ces renseignements, il faut se livrer à des *expériences* généralement difficiles. Quelques-unes cependant sont assez simples pour que vous puissiez les comprendre, et même les répéter. Je me contenterai de vous en indiquer une seule pour le moment.

Prenez un bocal, versez-y un demi-verre de fort vinaigre, puis jetez-y deux ou trois bâtons de craie (*fig.* 2). Vous voyez aussitôt un grand nombre de bulles gazeuses sortir de la craie et se dégager vivement dans le bocal; le dégagement est si rapide que le liquide bouillonne comme s'il était en pleine ébullition, et qu'il se forme à la surface une mousse abondante. Êtes-vous curieux de savoir quel est ce gaz qui se dégage ainsi? Allumez alors une petite branche de bois sec et introduisez-la dans le bocal : elle s'éteint aussitôt. Le bocal est donc plein d'un gaz qui éteint les corps en combustion : ce gaz, vous le connaissez, c'est l'*anhydride carbonique*.

Fig. 2. — Les pierres calcaires font effervescence avec les acides.

Cette expérience nous apprend que la *craie* contient de l'*anhydride carbonique* : le vinaigre a détruit la *craie*, et en a chassé l'*anhydride carbonique*. Bien d'autres corps que le vinaigre sont susceptibles de produire le même effet : l'acide phosphorique, l'acide sulfureux, dont nous avons eu l'occasion de parler, auraient agi de même. L'expérience réussit particulièrement bien, et le dégagement gazeux est très abondant, quand on remplace le vinaigre par l'*acide chlorhydrique* étendu d'eau ; mais c'est là un liquide dangereux, qu'on ne doit manier qu'avec les plus grandes précautions.

Effervescence avec les acides. — Le dégagement de bulles d'anhydride carbonique qui se produit dans l'expérience précédente se nomme *effervescence*. On dit que la craie *fait effervescence* avec les acides.

D'autres pierres font aussi effervescence avec les acides : le marbre, la pierre à bâtir ordinaire sont de celles-là. Il n'est pas besoin, du reste, d'employer un bocal pour voir l'effervescence. Prenez à la main un morceau de craie, ou de marbre, et versez sur ce morceau quelques gouttes de vinaigre : vous verrez l'effervescence se produire. La pierre à fusil, au contraire, n'est pas du tout altérée par le contact du vinaigre : elle *ne fait pas effervescence* avec les acides.

Dans l'étude que nous allons entreprendre de quelques-unes des pierres les plus importantes, nous nous occuperons d'abord de celles qui font effervescence, puis de celles qui ne font pas effervescence avec les acides. Ces dernières sont en bien plus grand nombre que les premières.

CHAPITRE II.

CALCAIRE.

Pierres qui font effervescence avec les acides (vinaigre). — Calcaire : Pierre à bâtir, marbre, craie. — Action de la chaleur sur le calcaire : fours à chaux, la chaux, ses usages ; le mortier.

Caractères distinctifs du calcaire.—Nous commencerons par la *pierre à bâtir* ordinaire. Nous en avons déjà parlé ; ainsi nous avons vu : 1° qu'elle fait effervescence avec les acides ; 2° qu'elle est assez tendre pour se laisser facilement rayer au couteau ; 3° que sa cassure est irrégulière et ne présente jamais la forme d'une cavité arrondie.

A ces trois caractères importants, joignons-en un autre. Dans un poêle bien allumé, mettons un morceau de pierre à bâtir, et laissons-le dans le feu pendant plusieurs heures. Au bout de ce temps, notre pierre n'a guère changé d'aspect, mais pourtant elle n'est plus la même. Elle ne fait plus effervescence avec le vinaigre, ce qui nous montre qu'elle ne contient plus d'anhydride carbonique ; elle a pris, de plus, la propriété de se délayer dans l'eau en produisant une pâte grasse et luisante : en un mot, elle est devenue de la *chaux*.

Aux trois premiers caractères, nous devons donc en ajouter un quatrième : 4° la pierre à bâtir se transforme en chaux quand elle est longtemps chauffée.

Ces quatre caractères ne sont pas particuliers à la pierre à bâtir. Le *marbre*, la *craie*, l'*albâtre*, la *pierre lithographique*, etc., les présentent aussi.

Voilà donc plusieurs sortes de pierres qui ont des aspects souvent fort différents, et qui cependant se ressemblent par les caractères les plus importants. On leur donne, à cause de ces points de ressemblance, le nom commun de *pierres calcaires*.

Toute pierre qui fait effervescence avec les acides, qui se laisse rayer au couteau, qui a une cassure irrégulière, et qui se transforme en chaux par une cuisson prolongée, est une pierre calcaire, ou *un calcaire*.

Importance du calcaire.—Le calcaire est l'un des corps les plus répandus à la surface du globe. Toutes les contrées de la terre offrent des dépôts des diverses sortes de calcaire; la plus grande partie du sol de la France en est formée.

La profusion avec laquelle le calcaire se rencontre partout est d'autant plus heureuse qu'aucune autre pierre ne se prête aussi bien à mille usages divers. Le calcaire est la plus précieuse de toutes les pierres : car c'est celle qui nous rend les plus grands services.

Nous ne pouvons étudier d'une manière particulière toutes les pierres calcaires, nous allons seulement dire quelques mots des plus importantes.

Le calcaire à bâtir. — Avec le calcaire sont construites presque toutes nos demeures.

Le grand avantage du calcaire c'est qu'il est assez tendre pour pouvoir être facilement entamé, cassé, taillé avec des instruments comme les pics, les pioches, les marteaux, les scies. Les ouvriers attaquent avec succès les immenses dépôts de calcaire que l'on rencontre à chaque pas. Ils en détachent de petits ou de gros morceaux, suivant les besoins de l'architecture. Les morceaux assez petits sont appelés *moellons*. Les plus gros se nomment *pierres de taille*, parce qu'on a l'habitude de les tailler régulièrement, de façon qu'ils puissent se poser solidement les uns sur les autres et former des murs à surface unie. Dans les grandes constructions, on utilise des pierres de taille d'un volume énorme : dix chevaux ont quelquefois de la peine à en traîner une seule.

Presque toutes les parties de la France renferment du *calcaire à bâtir*, et chaque ville, chaque village est construit avec le calcaire que l'on retire des *carrières* les plus voisines. Mais il s'en faut de beaucoup que toutes ces carrières donnent des pierres de même qualité.

Certains calcaires, tout en se laissant rayer au couteau, sont trop durs pour être aisément façonnés, taillés; d'autres, trop tendres, ne peuvent résister pendant de longues années aux injures du temps, et ne font que des maisons peu solides.

Les meilleurs sont ceux qui se laissent travailler facilement, et qui ont cependant assez de ténacité pour résister à la pression, pour conserver longtemps les arêtes et les moulures.

Le *calcaire oolithique*, formé de petits grains soudés entre eux, comme des œufs de poisson (*fig.* 3), tel qu'on le rencontre en France à Niort, à Bayeux, à

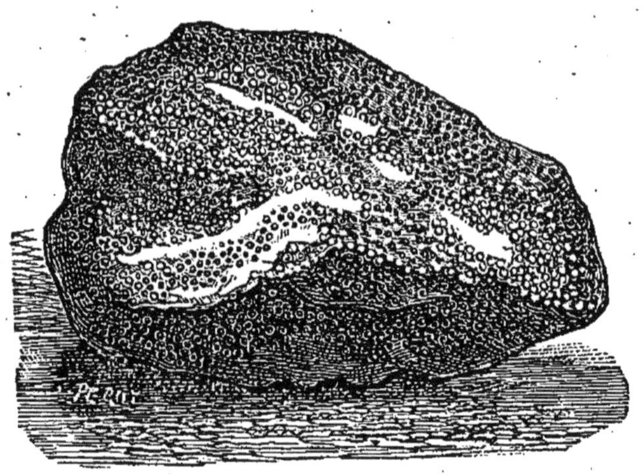

Fig. 3. — Calcaire oolithique.

Caen, etc., est l'un des meilleurs : on l'a exporté jusqu'en Belgique. Le *calcaire grossier* dans lequel on remarque de nombreux débris de coquilles (*fig.* 4) est

Fig. 4. — Calcaire grossier.

plus tendre, plus facile à travailler, et sa résistance est encore bien suffisante : c'est avec ce calcaire qu'est bâtie toute la ville de Paris. La *craie tuffau* est un calcaire plus tendre encore, qui se laisse sculpter avec une extrême facilité; mais il s'altère très rapidement.

Les calcaires trop tendres se laissent facilement pénétrer par l'humidité : la gelée les fait alors éclater en morceaux. Les pierres qui éclatent ainsi par la gelée s'appellent *pierres gélives*. Les architectes ne se résignent à les employer que lorsqu'ils n'en ont pas d'autres. Elles font des maisons peu solides et très humides.

Les calcaires durs résistent, au contraire, fort longtemps : regardez plutôt les bâtiments romains, qui sont encore nombreux en France; regardez les magnifiques cathédrales construites au moyen âge : tous ces édifices sont en calcaire dur, et tous sont encore debout, et en bon état.

En somme, le calcaire, dur ou tendre, a servi et sert encore à construire presque tous les monuments du monde entier. En France, il n'y a guère que quelques points de la Bretagne et de l'Auvergne qui soient privés de calcaire.

La pierre lithographique; l'albâtre. — Si vous tentiez de polir un calcaire à bâtir, de façon à rendre sa surface parfaitement unie et brillante, il vous serait impossible de réussir. Votre pierre resterait toujours rugueuse et sans éclat. La pierre à bâtir ordinaire ne peut pas être polie.

Mais il existe des calcaires plus durs, plus compacts, d'un grain plus fin, d'une cassure moins irrégulière, que l'on peut polir, de manière à les rendre brillants et doux au toucher.

L'*albâtre* est un de ces calcaires. Cette pierre, ornée souvent de veines et de taches agréablement colorées, est un calcaire de luxe, avec lequel on fait des vases, des socles de pendule et même des dessus de table. L'*onyx* est le plus estimé des albâtres.

Le *calcaire lithographique* est encore un calcaire susceptible d'être poli : il sert à la reproduction des dessins. Le *dessin* est tracé par l'artiste, avec un *crayon gras*, sur une pierre lithographique bien polie (*fig.* 5) ; puis on répand sur la pierre un *acide* énergique. Le calcaire est aussitôt rongé, creusé par l'acide, partout où il n'est pas préservé par les traits du crayon ; le dessin reste donc tracé sur la pierre, faisant relief par rapport aux parties rongées. On n'a plus qu'à passer sur la surface un *rouleau* imprégné d'*encre d'imprimerie* : cette encre s'attache aux parties saillantes et les rend capables de reproduire le dessin sur les feuilles de papier qu'on y appliquera avec la *presse*.

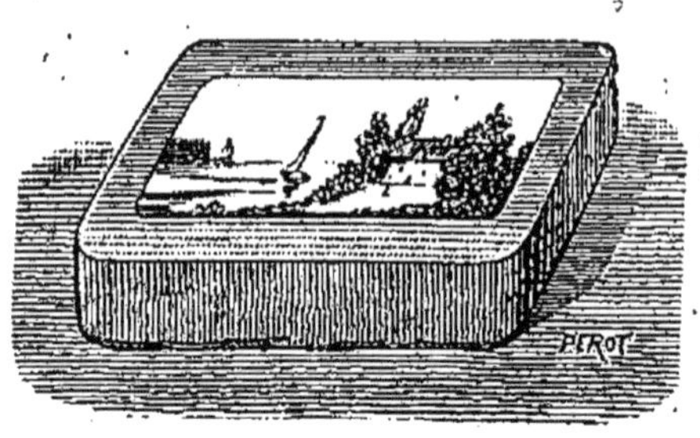

Fig. 5. — Pierre lithographique.

Le marbre. — Le *marbre* a tous les caractères distinctifs des calcaires : c'est donc un calcaire, le plus dur de tous ; il est susceptible d'un beau poli, ce qui permet de l'employer dans la décoration et dans l'ameublement. La beauté du marbre est encore accrue par les couleurs, souvent très vives, dont il est orné.

Les *marbres statuaires* sont généralement blancs. La cassure en est brillante et grenue comme celle du sucre (*marbre saccharoïde*) : on dirait qu'ils sont formés de *petits cristaux* entrelacés. Les marbres les plus estimés des sculpteurs sont ceux de Carrare, en Italie, et de Paros, en Grèce. Ils résistent si bien à l'air et au temps, que plusieurs statues antiques ont pu arriver jusqu'à nous dans un parfait état de conservation. La France possède, dans les Pyrénées, dans le département de l'Isère et en Algérie, des marbres statuaires assez beaux.

Les autres marbres, aux couleurs variées, présentent, au contraire, une cassure unie, compacte et terne, sans facettes brillantes : ils servent à la décoration. Je ne puis entreprendre de vous les citer tous. Les uns sont d'une seule couleur, uniformément répandue dans toute leur masse ; les autres offrent un mélange de plusieurs couleurs. Le marbre noir de Namur, le marbre noir largement veiné de blanc du département de l'Ariège, le marbre rouge antique, le marbre *griote* brun avec des taches rouges, le marbre vert, sont fort recherchés.

Le marbre *lumachelle* (*fig.* 6) est le plus répandu en France, et on l'y rencontre partout. Il est tantôt noir, tantôt gris, tantôt rouge, mais toujours parsemé d'un grand nombre de débris de coquilles.

Fig. 6. — Marbre lumachelle.

Les marbres se trouvent dans presque toutes les chaînes de montagnes; les plus estimés sont ceux d'Italie, de Belgique et de France. Ils sont l'objet d'une branche de commerce de la plus haute importance.

Tout leur éclat est dû à leur poli ; un marbre non poli a toujours des couleurs ternes et un aspect terreux. On obtient le poli en frottant la surface du marbre avec des poudres dures, de plus en plus fines, jusqu'à ce qu'on soit arrivé à produire le plus grand éclat possible.

La craie. — La *craie* est le moins dur des calcaires. Non seulement elle se laisse entamer avec le couteau, mais encore elle peut être rayée par l'ongle. Le choc du marteau l'écrase et la pulvérise avec la plus grande facilité ; elle est si *friable*, qu'elle laisse une partie de sa substance à tous les corps qui la touchent, qu'elle tache les doigts et peut servir à dessiner sur le bois noirci. Elle est presque toujours blanche.

La craie forme le sous-sol de contrées entières : en France, la Champagne, les côtes de la Manche, les environs de Rouen, etc., renferment des masses énormes de craie.

Les usages de la craie ne sont ni bien nombreux ni bien importants. La plus blanche et la plus pure sert à écrire sur le tableau noir : pour cet usage, on la scie en petits bâtons de la grosseur et de la longueur du doigt.

La poussière de craie, délayée avec de la colle, forme une couleur blanche commune, utilisée pour la peinture des bâtiments. C'est ce qu'on appelle la peinture à la chaux.

Le *blanc d'Espagne*, très souvent employé pour le nettoyage des métaux, est aussi de la craie.

Pour ce dernier usage, il est important de débarrasser la craie des petits morceaux de pierre plus dure qu'elle renferme quelquefois, car ces morceaux pourraient rayer le métal, au lieu de le nettoyer.

Pour y arriver, on pulvérise la craie et on la délaye dans une grande quantité d'eau. Après quelques instants de repos, les petits grains de pierre dure se sont déposés au fond du vase, tandis que la craie est restée en suspension dans l'eau. On verse doucement dans un autre vase le liquide blanc qui surnage, et on l'abandonne pendant plusieurs heures, pour que la fine poussière de craie se dépose à son tour. Quand le dépôt s'est formé, on enlève l'eau, on fait sécher, et, la craie étant ainsi purifiée, on la moule en *pains*, qui constituent le *blanc d'Espagne*.

La *figure* 7 montre comment il vous serait possible de faire l'opération en petit.

Enfin, certaines variétés de craie sont assez dures

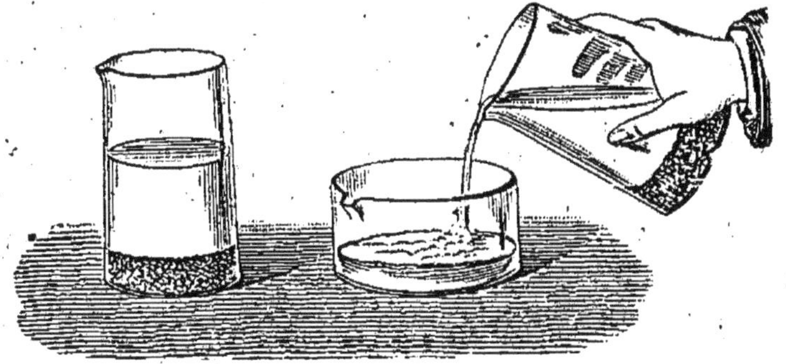

Fig. 7. — Préparation du blanc d'Espagne.

pour être employées comme pierre à bâtir; d'autres servent à la fabrication de la chaux.

Le mortier. — Si nous n'avions pas le calcaire, il nous serait possible de le remplacer par d'autres pierres pour les usages que nous venons de citer. Le calcaire est, il est vrai, la moins coûteuse des pierres à bâtir, la plus commode; ce n'est pas la seule. Mais il est un autre usage pour lequel aucune pierre ne pourrait remplacer la pierre calcaire : je veux dire la fabrication du *mortier*. C'est là que le calcaire nous rend le plus signalé de tous ses services.

Sans mortier pour unir les pierres les unes aux autres, nos maisons n'auraient aucune solidité; elles ne nous préserveraient ni de la pluie ni du vent; leurs murs serviraient de refuge à tous les animaux qui sont nos ennemis naturels : aux rats, aux insectes, aux serpents. Le mortier empêche tout cela. Il bouche tous les trous que laisseraient entre eux les moellons; il soude exactement les unes aux autres les pierres de taille, et le mur est aussi solide que s'il était fait d'une seule pièce. Voyons ce que c'est que le mortier.

Action de la chaleur sur le calcaire. — Fours à chaux. — Le mortier se fait avec la chaux, et la chaux provient du calcaire. Je vous ai déjà dit quelle est l'action de la chaleur sur la pierre calcaire : vous savez que la chaux n'est autre chose que la pierre calcaire privée de son anhydride carbonique. Les variétés de calcaire plus particulièrement propres à la fabrication de la chaux s'appellent *pierres à chaux*; un grand nombre de pierres à bâtir sont en même temps d'excellentes pierres à chaux.

La transformation de la pierre en chaux se fait dans les *fours à chaux*. La pierre, cassée en morceaux, est introduite dans un four semblable à celui que vous

Fig. 8. — Four à chaux.

voyez dessiné sur la *figure* 8. Il est ouvert par le bas et par le haut. On commence par faire une voûte avec les plus grosses pierres au-dessus de l'ouverture inférieure, et on jette les autres dans le four, jusqu'à ce qu'il soit plein. En bas, on allume un grand feu de fagots, et on l'entretient pendant plusieurs heures. La flamme et la fumée passent à travers les pierres et les chauffent très fortement. Plus on aura chauffé fort et longtemps, meilleure sera la chaux.

La chaux. — Enfin, le feu est éteint, on retire la pierre ; au premier moment on la croirait la même qu'avant l'opération : elle a conservé la même forme et la même couleur.

Mais elle est devenue plus fragile : le moindre choc la casse. Prenez un de ces morceaux et arrosez-le d'eau. Le liquide y entre aussi facilement que dans une éponge. Mettez maintenant la main sur votre pierre. Vous la retirez vite, parce que la pierre est brûlante : elle fume même et chasse l'eau en vapeurs, tant elle est chaude (*fig.* 9). Mais voici maintenant qu'elle s'émiette ; elle gonfle énormément ; sa chaleur augmente : nous n'avons plus une pierre, mais une pâte blanche, grasse, onctueuse. Ne touchez pas trop cette pâte, elle vous rongerait la peau des mains.

Fig. 9. — Action de l'eau sur la chaux vive.

Voyez-vous ce que le feu a fait de votre pierre, et comme il l'a singulièrement métamorphosée ! Cette pierre nouvelle, susceptible de se délayer dans l'eau en produisant de la chaleur, c'est la *chaux vive*. La bouillie qu'elle donne quand on l'arrose d'eau est la *chaux éteinte*.

Le mortier. — Combien de fois avez-vous vu faire le mortier ! Le maçon arrose la chaux avec de l'eau, puis quand il l'a réduite en bouillie, il y ajoute du sable et agite le tout pendant longtemps, afin que le mélange soit parfait. L'ouvrier emploie ensuite ce mortier pour souder les pierres les unes aux autres. Quand le mur sera terminé, la chaux se séchera peu à peu, se durcira, et les moellons seront unis les uns aux autres par une véritable pierre, d'une solidité à toute épreuve.

Je vous ai dit que l'air contient toujours de l'anhydride carbonique : ce gaz est la cause de la solidification du mortier. *La chaux se combine, en effet, peu à peu avec l'anhydride carbonique de l'air pour reformer le calcaire d'où on l'a tirée.*

Vous vous en convaincrez vous-mêmes par une expérience simple : la chaux vive ne fait pas effervescence avec le vinaigre, et le mortier frais non plus; mais le mortier sec fait effervescence comme le calcaire.

Les grains de sable qui sont mélangés avec la chaux facilitent l'introduction de l'air au sein du mortier, et par suite la solidification ; ils augmentent aussi la sodité du bloc.

Le mortier hydraulique et le ciment. — Je viens de vous parler de la chaux ordinaire et du mortier ordinaire. Ils ne pourraient pas servir à faire des maçonneries sous l'eau, parce que sous l'eau le mortier serait vite délayé et enlevé. Mais il existe des chaux appelées *chaux hydrauliques*, qui se durcissent très rapidement sous l'eau, de façon à former de véritables pierres.

On fabrique ces chaux comme les autres, en chauffant du calcaire. Mais ce ne sont plus toutes les pierres à bâtir qui peuvent servir dans ce cas : quand on veut avoir de la chaux hydraulique, il faut chauffer les calcaires qui contiennent de *l'argile*. Cette chaux, mise en pâte et mélangée avec du sable, sert à la construction des égouts, des réservoirs d'eau, des canaux, des écluses, des ponts.

Les chaux hydrauliques servent aussi à fabriquer

le ciment, qui durcit très rapidement sous l'eau. En les mélangeant avec des cailloux et du sable, on fait encore *le béton*, qui sert à établir les fondations des digues, des jetées, des murs et des piles de pont.

Autres usages de la chaux. — A côté de la fabrication du mortier, la chaux a d'autres usages moins importants, mais pour lesquels on en consomme encore de grandes quantités. Nous verrons que les agriculteurs l'emploient fréquemment pour améliorer leurs terres. Elle sert aussi dans la fabrication du gaz d'éclairage, des savons, des bougies, dans le tannage des peaux; elle est enfin utilisée en médecine. Peu de corps nous rendent autant de services.

CHAPITRE III.

PIERRE A PLÂTRE.

Pierres qui ne font pas effervescence avec les acides. Pierre à plâtre. Action de la chaleur, plâtre, propriétés du plâtre.

Caractères distinctifs de la pierre à plâtre. — La *pierre à plâtre* est celle qui sert à la fabrication du plâtre. Rien n'est plus aisé que de la distinguer du calcaire. Elle ne fait pas effervescence avec le vinaigre, ce qui prouve qu'elle ne contient pas d'anhydride carbonique; elle est très facilement rayée par l'ongle; enfin, on trouve dans sa cassure des facettes planes, qui indiquent une cristallisation plus ou moins nette.

Quant à son aspect extérieur, il est, comme celui du calcaire, assez variable. Le plus souvent la pierre à plâtre est en masses d'un blanc jaunâtre, à cassure grenue comme celle du sucre. D'autres fois, elle est d'un blanc de neige, et on serait tenté de la confondre avec le beau marbre statuaire. Il arrive enfin qu'elle est formée de grands cristaux plats qui se superposent, de façon à présenter la forme d'*un fer de lance* (*fig.* 10) : ces cristaux peuvent se subdiviser très facilement en feuillets très minces et très transparents, qui présentent les vives couleurs de l'arc-en-ciel. Les Romains se servaient de ces feuillets en guise de vitres avant l'invention du verre.

Fig. 10. — Pierre à plâtre en forme de fer de lance.

Sous toutes ces formes, la pierre à plâtre se reconnaît toujours aux caractères distinctifs que nous avons indiqués.

La pierre à plâtre est beaucoup moins répandue que la pierre à chaux. Il s'en trouve de grands amas en Provence, en Bourgogne et dans les Vosges. Il y en a davantage encore à Paris et dans les environs. Les collines qui s'élèvent au nord de la capitale, Montmartre, Pantin, Belleville, Ménilmontant, sont entièrement formées de pierre à plâtre. Elles sont exploitées depuis plus de six cents ans et fournissent la pierre à plâtre à la France, à l'Angleterre et à l'Amérique. Paris doit une partie de sa richesse à la pierre à plâtre.

Action de la chaleur sur la pierre à plâtre. — Mettons, dans une casserole de terre ou de fonte, de la pierre à plâtre cassée en petits morceaux, et chauffons légèrement. Nous verrons un brouillard épais s'élever au-dessus du vase, et si nous plaçons une assiette froide au-dessus de la casserole, il s'y condensera d'abondantes gouttelettes d'eau.

La pierre à plâtre contient donc de l'eau, et cette eau est chassée par une chaleur modérée. Après une heure de cuisson, l'eau cessera de se dégager : la pierre aura été complètement séchée.

C'est cette *pierre à plâtre* séchée qu'on appelle du *plâtre*.

Plâtre. — Propriétés du plâtre. — Supposons qu'on réduise en poudre fine de la *pierre à plâtre*, et qu'on la délaye dans l'eau : la poudre se comportera comme du sable ordinaire, elle ne tardera pas à se déposer au fond, sans produire sur l'eau aucun effet particulier.

Le *plâtre*, c'est-à-dire la *pierre à plâtre cuite*, se comporte tout autrement. Quand on le mélange, préalablement réduit en poussière, avec une grande quantité d'eau, on a d'abord une bouillie très claire, semblable à du lait; mais cette bouillie devient bientôt plus épaisse : au bout d'un moment on ne peut plus la remuer, et enfin elle devient tout à fait solide. On dit que le plâtre est *pris*.

Usage du plâtre dans les constructions. — La propriété qu'a le plâtre *gâché* dans l'eau de se solidifier presque instantanément est très précieuse; on en tire le plus grand parti dans tous les travaux d'urgence. Malheureusement, le plâtre est rapidement attaqué par la pluie, et sa dureté n'est jamais bien grande : aussi ne peut-il être employé que pour les travaux d'intérieur. Il remplace le ciment dans la construction des cloisons; son prix peu élevé et son éclatante blancheur le font employer pour revêtir tous les murs intérieurs, et les plafonds des appartements.

Fabrication du plâtre. — Le plâtre se prépare en grand par une *cuisson* prolongée de la pierre à plâtre. Les *fours à plâtre* sont plus simples encore que les fours à chaux : ils ressemblent à des grands hangars (*fig.* 11).

On y empile la pierre en ménageant à la partie inférieure des cavités dans lesquelles on fait brûler des fagots. On conduit le feu très doucement, pour obtenir une chaleur égale dans toute la masse : si l'on

Fig. 11. — Four à plâtre.

chauffait trop fort, on aurait du plâtre qui ne ferait pas *prise* avec l'eau.

Quand le plâtre est assez cuit, on le réduit en poussière, et on le conserve dans des sacs ou dans des tonneaux bien bouchés. Sans cette précaution, il serait bientôt *éventé*, c'est-à-dire que l'humidité de l'air lui enlèverait presque complètement la propriété de *faire prise* avec l'eau.

Stuc. — Quand on *gâche* le plâtre avec une solution chaude de colle de poisson, il durcit davantage : on a le *stuc*. Le stuc est susceptible d'acquérir un poli fin et luisant; on peut, de plus, lui communiquer les couleurs les plus vives et les plus capricieusement distribuées, en mélangeant avec la pâte des matières colorantes. On l'emploie alors pour faire des lambris, des colonnes, des parquets, qui imitent le marbre à s'y méprendre.

Mais le stuc est rayé et brisé par le moindre choc, et, de plus, il ne se conserve que dans les appartements ; à l'extérieur, il s'altère très vite. Le stuc était connu dès l'antiquité.

Emploi du plâtre dans le moulage. — Lorsque le plâtre fait prise avec l'eau, il éprouve une légère augmentation de volume. Cette particularité est une excellente condition pour le *moulage*.

Quand on veut reproduire un objet d'art par le *moulage*, on commence par faire un *moule* (*fig.* 12) qui représente l'objet en *creux*. Dans ce moule on verse du plâtre gâché avec de l'eau ou de la colle : au moment où se fait la prise, le plâtre, par suite de l'augmentation de son volume, s'applique vigoureusement contre les moindres dépressions du moule et en reproduit l'image avec une fidélité parfaite. Un moule peut servir à faire un très grand nombre de copies de l'objet, ce qui permet de multiplier à l'infini, et à très bas prix, les chefs-d'œuvre de la sculpture.

Fig. 12. — Médaille et son moule en plâtre.

Emploi du plâtre en agriculture. — Le plâtre est aussi très employé en agriculture. Il sert, comme la chaux, mais moins souvent, à améliorer les terres.

Vous voyez qu'en résumé les usages du plâtre sont importants, sans que cependant ils le soient de beaucoup autant que ceux de la chaux et du calcaire. La pierre à plâtre nous est utile ; mais elle ne nous est pas indispensable.

Albâtre. — On trouve quelquefois la pierre à plâtre en beaux blocs bien blancs, semblables à des blocs de marbre statuaire. On la taille et on la polit pour en faire des objets d'ornement. Comme cette pierre est fort tendre, rien n'est plus facile que de la travailler ; mais ce défaut de dureté fait que les objets obtenus sont très fragiles, et par suite fort peu estimés.

Il ne faut pas confondre cette pierre, nommée *albâtre gypseux*, ou tout simplement *albâtre*, avec l'*albâtre calcaire*, dont je vous ai déjà parlé, et qui est beaucoup plus estimé.

Quand vous aurez devant les yeux un objet d'albâtre, frottez-le avec l'ongle ; s'il se raye, il est en albâtre gypseux, de peu de valeur ; s'il ne se raye pas, il est en albâtre calcaire, beaucoup plus précieux.

Les Romains tiraient principalement des environs d'*Alabastrum*, en Égypte, l'albâtre gypseux dont ils fabriquaient de très beaux vases pour les parfums : de là est venu le nom d'*albâtre* donné à cette pierre.

CHAPITRE IV.

ARGILE.

Pierres qui ne font pas effervescence avec les acides. Argile. Plasticité de l'argile ; l'argile perd sa plasticité par l'action d'une température élevée ; briques, poteries, faïence, porcelaine.

Caractères distinctifs de l'argile. — L'*argile* est presque aussi répandue sur la terre que le calcaire, et elle nous rend presque autant de services, comme vous allez le voir : c'est avec cette roche qu'on fabrique les briques, les poteries et les porcelaines.

L'argile ne fait pas effervescence avec le vinaigre, ce qui nous prouve qu'elle ne renferme pas d'acide carbonique. Quand elle est sèche, elle constitue une pierre très tendre, d'aspect terreux, de couleur très variable, douce et en quelque sorte grasse au toucher, se laissant rayer par l'ongle avec la plus grande facilité ; elle est plus tendre encore que la pierre à plâtre : vous seriez tenté de l'appeler *une terre* plutôt qu'*une pierre*.

Ce qui est surtout remarquable dans l'argile, et qui permet de la distinguer de toutes les autres roches, c'est la manière dont elle se comporte avec l'eau.

Prenez un morceau d'argile sèche et versez quelques gouttes d'eau à sa surface : le liquide est rapidement absorbé ; il disparaît dans l'argile, comme dans une éponge, en produisant un sifflement. Si vous aviez appliqué le morceau d'argile sur votre langue, il s'y serait attaché, en s'emparant de la salive : on dit que l'argile *happe à la langue*.

Versons maintenant un peu plus d'eau sur notre roche : il nous sera facile de la délayer et d'obtenir une pâte onctueuse, tenace, susceptible de se mouler et de se laisser allonger en différents sens. On nomme *plasticité* cette propriété qu'a l'argile de former avec l'eau une pâte malléable, analogue à la pâte des boulangers.

L'argile perd sa plasticité par l'action d'une température élevée. — Si nous prenons la pâte obtenue en délayant l'argile dans l'eau, et que nous la laissions sécher, l'argile conservera la forme qu'on lui aura donnée et reprendra sa consistance primitive. Nous pourrons alors, si nous le voulons, la réduire de nouveau en pâte, lui donner une nouvelle forme, et recommencer ainsi l'opération à plusieurs reprises.

Mais si, au lieu de laisser simplement la pâte se

sécher à l'air, nous la chauffons fortement, elle éprouvera une transformation complète. Sa plasticité disparaîtra entièrement; elle deviendra rude au toucher; loin de se laisser rayer par l'ongle, elle sera changée en une pierre plus dure que le calcaire; l'eau n'aura plus sur elle aucune action, et, sans se ramollir, elle résistera à l'action de l'air et de l'humidité.

Vous voyez que *l'argile crue est tendre et plastique, tandis que l'argile cuite est dure et inaltérable.* C'est cette double propriété qui fait de l'argile une des roches les plus utiles à l'homme : sa plasticité permet de lui donner aisément les formes les plus diverses, formes qui sont ensuite fixées par la cuisson. Sans l'argile, nous n'aurions ni les briques, ni les faïences, ni les porcelaines, qui nous rendent chaque jour de si grands services.

La brique et la tuile. — Vous avez souvent rencontré dans vos promenades une terre d'un jaune plus ou moins foncé, lourde et grasse, dans laquelle on a peine à marcher; on l'appelle la *terre glaise.* Cette terre glaise n'est pas autre chose que de l'*argile* plus ou moins humide, mélangée avec des cailloux, avec du sable et avec quelques matières étrangères qui lui donnent sa coloration; elle est employée à la fabrication des *briques,* des *tuiles,* des *carreaux,* des *tuyaux* qui servent à conduire l'eau.

On commence par enlever les pierres que contient la terre glaise, puis on la pétrit de façon à former une pâte consistante, dont on remplit des moules de forme convenable (*fig.* 13). Cette opération terminée, on retire la brique du moule, et on la laisse sécher à l'air jusqu'à ce qu'elle ait pris une assez grande consistance. Il faut alors procéder à la *cuisson,* qui se fait soit dans des fours en maçonnerie, soit dans des fourneaux construits avec les briques ou les tuiles que l'on veut cuire. On a soin de conduire le feu avec lenteur et modération, sans quoi les briques du centre seraient fondues et déformées, tandis que celles de l'extérieur ne seraient pas assez cuites.

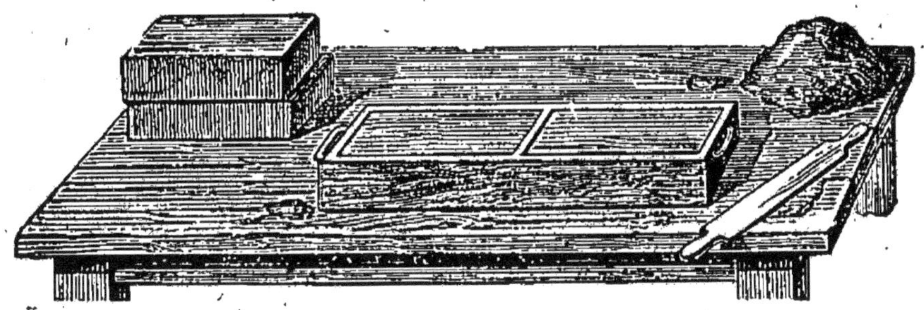

Fig. 13. — Moule à briques.

Les briques prennent d'ordinaire, en cuisant, une coloration assez vive; presque toujours elles deviennent rouges : cela tient à l'action du feu sur les matières étrangères que contient la *terre glaise*. L'argile pure ne se colore pas par la cuisson.

Les briques et les tuiles ont été de tout temps fort employées dans les constructions.

Les anciens habitants de l'Égypte, de la Perse, de la Syrie, etc., utilisaient la brique dans leurs plus magnifiques constructions. Souvent même ils se contentaient de la faire sécher au soleil, et ils l'employaient crue; mais, dans nos climats humides, les briques crues sont trop promptement altérées par la pluie pour qu'on puisse en faire usage. Les Grecs et les Romains s'en servaient aussi.

Aujourd'hui la brique a une importance tout aussi grande. Il y a peu de localités où l'on ne puisse trouver, à fleur de terre, de l'argile propre à la fabrication de la brique. Dans les pays où abonde la pierre à bâtir, comme à Paris, on ne fait guère usage de la brique et de la tuile que pour les cloisons intérieures des maisons, pour la construction des cheminées, pour le carrelage et la toiture; les briques creuses, percées de trous dans leur épaisseur, sont surtout convenables à cause de leur légèreté. Dans les pays où la pierre à bâtir est rare ou de mauvaise qualité, on la remplace par la brique, qui est une véritable pierre artificielle. A Lille, à Montauban, à Toulouse, les maisons en briques sont plus nombreuses que les maisons en pierre calcaire.

Les poteries. — On nomme *poteries* tous les objets creux destinés à conserver les liquides ou les matières sèches. On les fabrique, comme les briques, avec un mélange d'argile et de sable : presque toutes les *terres à briques* peuvent aussi servir de *terres à poterie*. Le sable est ajouté à l'argile pour empêcher celle-ci de se fendiller par la cuisson.

Les poteries ne se façonnent pas au moule, comme les briques, mais au tour. Le *tour à potier* se compose de deux plateaux de bois unis l'un à l'autre par un axe vertical qui peut tourner sur lui-même (*fig.* 14). L'ouvrier prend une masse de pâte, la place sur le plateau supérieur; puis il met le tour en mouvement en frappant avec son pied sur le plateau inférieur. Il donne alors à la pâte la forme convenable, en se servant simplement de ses mains avec une habileté véritablement surprenante.

Fig. 14. — Tour à potier.

Aussitôt après leur *façonnage*, les pièces sont abandonnées à l'air, pour y sécher lentement ; puis on les fait cuire. On a ainsi des vases ayant exactement la couleur et l'aspect des briques et des tuiles. Ils ne pourraient pas servir à conserver des liquides, parce que l'argile cuite est très poreuse, et qu'elle se laisse facilement traverser. Essayez de mettre de l'eau dans un vase à fleurs dont vous aurez soigneusement bouché le petit trou inférieur : vous la verrez suinter peu à peu à travers les parois.

Pour éviter cet inconvénient, on recouvre les poteries d'un *vernis* imperméable. Pour cela on les plonge dans une bouillie très claire qui contient de l'argile et une substance fusible nommée *litharge*, puis on les soumet à une seconde cuisson. Sous l'action de la chaleur, le vernis se fond et recouvre le vase d'une couche vitreuse et luisante, diversement colorée, qui ne se laisse pas pénétrer par les liquides.

La cuisson se fait dans de grands fours en maçonnerie, divisés en compartiments superposés, qui communiquent les uns avec les autres par de petites ouvertures (*fig.* 15). Dans le compartiment inférieur on

Fig. 15. — Four à poteries.

brûle le combustible, houille ou bois; dans ceux du milieu sont empilées les pièces vernies qui doivent subir la seconde cuisson ; en haut, enfin, sont les pièces non vernies ; elles sont plus éloignées du feu, car il n'est pas nécessaire que la première cuisson soit aussi forte que la seconde. L'opération dure vingt-quatre heures.

Par ce procédé, on obtient des poteries peu coûteuses, et qui vont très bien au feu ; elles servent ordinairement à la cuisson des aliments. Elles ont l'inconvénient d'être très fragiles.

Les faïences. — Les *faïences* se fabriquent comme les poteries ; mais elles sont faites avec de l'argile plus plastique, devenant plus dure et moins poreuse par la cuisson. On apporte plus de soins aux diverses parties de leur fabrication, car la plasticité de la pâte, qui est très fine, permet de donner aux pièces de faïence une légèreté et une pureté de contours fort remarquables.

Les *faïences communes*, produites surtout par Paris, Rouen, Nevers, Sceaux et Lunéville, sont tantôt brunes, tantôt blanches. Les premières peuvent seules aller au feu. On fait avec la faïence non seulement des ustensiles de ménage, mais aussi des carreaux émaillés, des poêles et des plaques de cheminée.

Les *faïences fines*, appelées aussi *faïences anglaises*, sont beaucoup plus solides, et leur vernis a une bien plus grande résistance ; mais elles ne vont pas au feu. En France, les principaux centres de fabrication des faïences fines sont Sarreguemines, Montereau, Creil, Chantilly, Choisy, Gien, Bordeaux. Ils livrent au commerce non seulement des ustensiles de ménage, tels que plats, assiettes, bols, tasses, mais encore un très grand nombre d'objets d'ornementation, merveilleux de forme et de décoration.

Les porcelaines. — Les *porcelaines* sont aussi des poteries, mais des poteries remarquables entre toutes. La pâte en est absolument blanche : aussi n'a-t-on pas besoin de la cacher par un vernis coloré. Le vernis qu'on applique sur les porcelaines est un véritable verre transparent.

L'argile qui sert à la fabrication de la porcelaine est très pure et d'un blanc parfait; elle porte le nom de *kaolin*. On ajoute au kaolin un peu de sable et une substance dont nous reparlerons bientôt, le *feldspath*, puis on en fait une pâte parfaitement fine et plastique.

On façonne les objets soit au moyen du *tour à potier*, soit par *moulage* (*fig.* 16), et on les abandonne à l'air pendant quelques jours. Quand les pièces sont à peu près sèches, on les cuit une première fois, on les trempe dans le *vernis*, et on les recuit, absolument comme les poteries et les faïences.

Fig. 16. — Moulage de la porcelaine.

Les fours à cuire sont beaucoup plus grands pour la porcelaine que pour les autres poteries; ils sont ordinairement à deux ou trois étages (*fig.* 17). On les chauffe pendant trente heures par des foyers placés tout autour des étages inférieurs. On ne défourne les pièces qu'au bout de huit jours, après avoir fermé toutes les ouvertures avec de la terre glaise, afin que le refroidissement s'opère aussi lentement que possible.

Dans l'étage supérieur, le moins chauffé, on place les pièces non encore vernies, qui doivent subir la première cuisson. Pour qu'elles ne s'écrasent pas les unes les autres, on établit dans le four des planchers de terre cuite, placés les uns au-dessus des autres, et sur lesquels on dispose les pièces à cuire. Les étages

Fig. 17. — Four à porcelaines.

inférieurs, plus voisins des foyers, reçoivent les pièces cuites déjà une fois, et auxquelles on vient d'appliquer le *vernis*. Pour soustraire ces pièces à l'action directe de la flamme, qui pourrait les altérer, on les enferme dans des enveloppes en poteries infusibles, nommées *cazettes* (*fig.* 18).

Sous l'action d'un feu très ardent, la pâte éprouve un ramollissement, un commencement de fusion, qui donnera à la porcelaine sa quasi-transparence. Pendant ce temps, le vernis fond et s'étend à la surface des pièces; il y adhère très fortement en formant une *glaçure* transparente et superficielle.

Fig. 18. — Cazettes.

La terre à porcelaine n'est pas à beaucoup près aussi répandue que les argiles plus communes qui servent à la fabrication des poteries et des faïences. Il en existe de vastes dépôts en Chine, en Saxe, en Russie, en Angleterre et en France. Nos principales carrières de *kaolin* sont situées près de Limoges, d'Alençon, de Bayonne et de Cherbourg.

La porcelaine est fabriquée en Chine depuis plus de quatre mille ans : en aucun pays du monde elle n'est aussi répandue. Ce fut en 1518 qu'on vit apparaître pour la première fois en Europe la porcelaine du Céleste Empire; mais ce ne fut qu'en 1709 qu'on apprit à la fabriquer, et que s'établit en Saxe la première manufacture de ce genre. En 1769, la première fabrique française fut établie à Sèvres : on y employait du kaolin qui venait d'être trouvé à Saint-Yrieix, près Limoges.

Décoration des poteries. — Les faïences et les porcelaines sont souvent décorées avec un grand luxe par les dessins les plus variés et les couleurs les plus éclatantes.

Les matières colorantes, associées avec une sorte de vernis qu'on nomme souvent *émail* ou *glaçure*, sont appliquées sur la pièce déjà terminée et vernie; puis on procède à une troisième cuisson. L'émail fond et fixe la couleur de manière à la rendre inaltérable.

La décoration des faïences et surtout celle des porcelaines est un art d'une grande difficulté, mais qui donne de magnifiques produits. C'est certainement en France, notamment à Sèvres et à Paris, qu'elle atteint son plus haut degré de perfection.

Autres usages de l'argile. — La fabrication des poteries de tous genres est le plus important des usages de l'argile; mais cette roche si répandue nous rend encore beaucoup d'autres services.

Vous avez vu déjà que c'est l'argile qui donne à la chaux avec laquelle elle est mélangée la propriété de durcir sous l'eau.

La *chaux hydraulique* et les *ciments* se fabriquent avec des pierres calcaires qui renferment de l'argile.

La *marne*, dont nous parlerons bientôt, est aussi un mélange d'argile et de calcaire; elle est employée en agriculture.

La *terre à foulon*, qui est de l'argile impure, absorbe les matières grasses avec une grande avidité. On l'emploie pour débarrasser le drap de l'huile dont on est obligé d'imprégner la laine pour la filer et la tisser commodément. Dans cette circonstance, l'argile joue le rôle d'un véritable savon naturel.

Enfin, diverses argiles colorées, la *sanguine*, l'*ocre*, la *terre d'ombre* et la *terre de Sienne*, sont employées dans la peinture.

Vous voyez que peu de corps ont pour nous une importance aussi grande que celle de l'argile.

CHAPITRE V.

PIERRES SILICEUSES.

Pierres siliceuses. — Cristal de roche, agate, silex, pierre à fusil, pierres meulières, grès.

Caractères distinctifs des pierres siliceuses.—Les *pierres siliceuses* n'ont pas pour nous une importance aussi grande que celle du calcaire ou de l'argile, mais elles nous sont cependant fort utiles. Elles sont très nombreuses ; elles présentent les aspects les plus variés, et sont fort répandues à la surface et dans les profondeurs de la terre.

Toutes les pierres siliceuses, quoique ne se ressemblant guère au premier abord, se reconnaissent à un certain nombre de caractères communs. Elles ne font pas effervescence avec les acides ; elles sont assez dures pour ne pas être rayées par la pointe d'un couteau. Elles ne sont brisées que par le choc violent d'un marteau, et leur cassure est généralement luisante.

On peut encore reconnaître la grande dureté des pierres siliceuses en les frappant avec un *briquet*

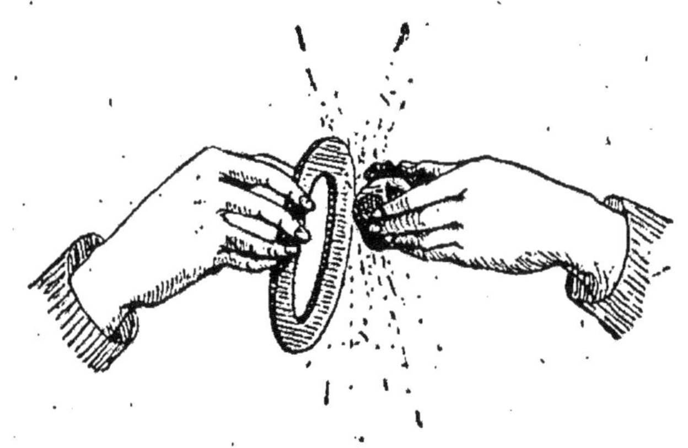

Fig. 19. — Feu du briquet.

d'acier (*fig.* 19) : elles donnent des étincelles, et ce caractère est excellent pour les distinguer de quantité d'autres pierres. Ce que nous avons dit de l'oxydation des métaux, dans la première partie de cet ouvrage, vous permettra de comprendre ce qui produit ces étincelles. Elles sont formées par de tout petits fragments d'acier qui sont détachés du briquet par la pierre, et qui sont assez échauffés par le choc pour s'enflammer dans l'air. La production des étincelles vous prouve donc que la pierre siliceuse est assez dure pour entamer l'acier.

Cristal de roche. — Le *cristal de roche* est la plus dure des pierres siliceuses. Il est le plus souvent formé par la réunion de longs *cristaux* à six côtés terminés par des pointes également à six côtés (*fig.* 20) : l'aspect de ces groupes de cristaux est quelquefois d'une grande beauté. On en rencontre de fort remarquables notamment dans les Alpes du Valais et du Dauphiné; le Muséum d'histoire naturelle de Paris possède un cristal venant du Valais, dont la pointe seule a environ un mètre en tous sens.

Fig. 20. — Cristal de roche.

Dans son état de plus grande pureté, le cristal de roche est incolore et limpide; mais il arrive souvent qu'une petite quantité de matière étrangère lui communique des couleurs, qui sont parfois très belles. On trouve des cristaux jaunes, roses, bleus, verts : ces cristaux colorés ressemblent alors beaucoup aux pierres précieuses (*topaze*, *rubis*, *saphir*, *émeraude*) qu'emploient les bijoutiers, et ils en usurpent souvent les noms. Les plus beaux sont les *violets*, employés dans la bijouterie sous le nom d'*améthystes*. Les plus belles améthystes viennent de Ceylan, du Brésil, de Sibérie et d'Espagne. Il en existe aussi à Brioude, en Auvergne.

Autrefois on employait beaucoup le cristal de roche taillé à facettes pour plusieurs usages, notamment pour orner les lustres et pour construire certains instruments d'optique. Aujourd'hui on le remplace le plus souvent par le cristal artificiel, que l'on fabrique comme le verre.

Agate. — L'*agate* est une autre pierre siliceuse, presque aussi dure que le cristal de roche, et ne faisant pas non plus effervescence avec les acides.

L'agate n'est jamais cristallisée; on la rencontre sous forme de rognons irrégulièrement arrondis, dont l'intérieur est quelquefois creux et tapissé de cristaux. L'agate n'est jamais absolument transparente; elle est toujours colorée de nuances vives et délicates, généralement variées dans le même échantillon; sa cassure est arrondie, oncteuse et luisante; la pâte de cette belle pierre est fine et susceptible d'un beau poli.

Vous connaissez les usages de l'agate comme pierre précieuse dans la joaillerie et dans l'ornementation : on fabrique des cachets, des boucles d'oreilles, des tabatières en agate. On y grave, avec une peine extrême, des sujets artistiques; les agates gravées ont une grande valeur : à cause de leur dureté et de leur inaltérabilité, elles peuvent se conserver indéfiniment. Les anciens nous ont laissé en ce genre des travaux admirables, auxquels la main du temps n'a pu porter la plus légère atteinte.

Les agates les moins fines sont employées à faire de belles *billes* pour les enfants, et des *mortiers* qui servent à pulvériser les matières dures.

Presque toutes les agates livrées au commerce

sortent d'une seule fabrique, celle d'Oberstein, dans la Prusse rhénane, où l'on apporte, pour y être travaillées, les pierres des autres pays.

La *calcédoine* et la *cornaline*, que vous connaissez peut-être de nom, ne sont pas autre chose que des agates.

Le *jaspe*, très commun en Italie, est aussi une agate; il est employé dans la décoration comme pierre d'ornement, et surtout pour la composition des fameuses mosaïques de Rome et de Florence.

Silex ou pierre à fusil. — Le *silex* est peut-être la plus répandue des pierres siliceuses : on le rencontre presque partout en rognons arrondis aussi durs que ceux de l'agate, mais beaucoup moins transparents encore. Le silex ne présente pas non plus les nuances variées et brillantes de l'agate; ses couleurs habituelles sont le noirâtre, le gris ou le blond. Il se divise facilement en écailles tranchantes et fait feu au briquet d'une manière extrêmement prononcée.

Avant l'invention des *capsules*, il était fort employé comme *pierre à fusil*. Un morceau de silex, frappé fortement par le *chien du fusil*, produisait une étincelle, qui mettait le feu à la poudre remplissant la *lumière*. C'était dans le département de Loir-et-Cher que l'on recueillait et que l'on taillait presque toutes les pierres à fusil.

Le *briquet*, choqué vivement contre un morceau de silex, servait à allumer le feu, avant l'invention des allumettes chimiques. Aujourd'hui, le briquet est abandonné de presque tout le monde.

De nos jours, les cailloux de silex ne sont guère employés que pour l'empierrement des routes; leur grande dureté les rend parfaitement propres à cet usage; le calcaire ou la pierre à plâtre se réduiraient trop facilement en une poussière qui serait très rapidement entraînée par les pluies. Il n'y a que dans les pays où le silex est fort répandu, comme dans le département de l'Yonne, que l'on peut l'employer dans les constructions.

Vous voyez que le silex ne nous rend pas beaucoup plus de services que le cristal de roche ou l'agate; mais si l'on remonte à une époque plus reculée, on reconnaît qu'il était pour les premiers hommes ce qu'est aujourd'hui le fer pour nous. Nos ancêtres, qui ne connaissaient pas les métaux, taillaient le silex avec une prodigieuse habileté, pour en faire des outils et des armes : des haches (*fig.* 21), des couteaux, des coins, des pointes de flèches et de lances (*fig.* 22).

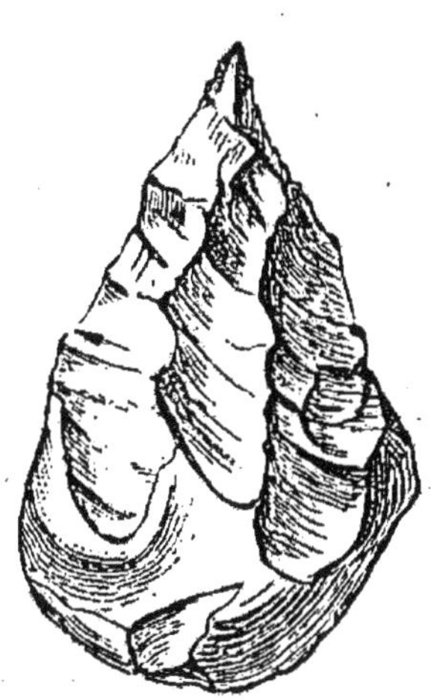

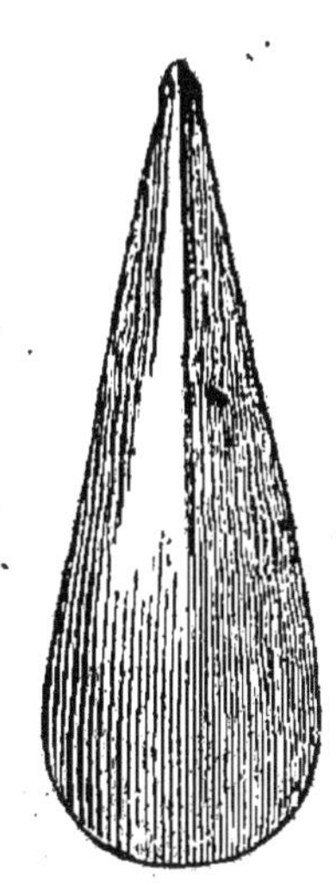

Fig. 21. — Hache de silex.

Fig. 22. — Pointe de lance en silex poli.

C'était aussi en frappant l'un contre l'autre deux morceaux de silex qu'ils parvenaient à allumer du feu.

Pierres meulières. — Les *pierres meulières* sont *siliceuses* comme les précédentes : elles sont, comme les autres, inattaquables par les acides et assez dures pour ne pas être rayées par le couteau. Elles ont des couleurs encore plus ternes que celles du silex, une cassure moins brillante et plus irrégulière; les arêtes de cette cassure ne sont ni translucides ni tranchantes, comme cela a lieu pour le silex. Le plus souvent, l'intérieur des pierres meulières présente un grand nombre de petites cavités irrégulières.

Ces pierres doivent leur nom à l'usage qu'on en fait dans la fabrication des meules de moulin. Les meulières à cavités petites, nombreuses et uniformément répandues, sont les plus estimées pour cet usage : car elles forment des meules dont la surface rugueuse est parfaitement convenable pour pulvériser les grains.

La variété de meulière de Brie, connue spécialement sous le nom de *meulière sans coquilles*, forme les meules si estimées de la Ferté-sous-Jouarre et de Montmirail, qui s'exportent dans presque toute l'Europe, et même aux États-Unis.

Les pierres meulières sont aussi quelquefois employées dans les constructions. Elles sont beaucoup trop dures pour être sciées, ou même être taillées au marteau ; mais on en fait des moellons grossièrement travaillés, avec lesquels on construit des fondations et des murs de soutènement, qui résistent bien mieux à l'humidité que les murs de pierre calcaire. Bon nombre de tranchées et de ponts de chemins de fer sont construits en pierres meulières. Les *meulières coquillères* des environs de Paris sont exclusivement employées à cet usage.

Grès. — Les *grès* sont des pierres formées de grains de sable réunis les uns aux autres par une sorte de ciment. Quelquefois le tissu des grès est si serré, qu'on a peine à y discerner les grains dont ils sont composés ; mais la plupart du temps le sable y est fort visible. Il vous sera donc toujours facile de distinguer les *grès* de toutes les autres pierres.

Il y a des grès qui ne font pas effervescence avec les acides, et qui ne peuvent pas être rayés au couteau : ce sont ceux qu'on nomme *grès siliceux*. Dans ceux-là, le sable et le ciment sont de même nature, de nature siliceuse.

D'autres grès sont moins durs et font effervescence avec les acides : ce sont les *grès calcaires*, formés de grains siliceux réunis par un ciment calcaire. Ces grès sont donc un mélange d'une roche calcaire avec une roche siliceuse.

Les *grès siliceux* ont de nombreux usages. Le principal est de servir au pavage des rues et des grandes routes. Les environs de Paris, et principalement Fontainebleau, fournissent chaque année bien des millions de kilogrammes de grès qui servent à fabriquer les pavés de la capitale. Le grès siliceux de Fontainebleau est assez dur pour ne s'user que lentement par suite du roulement continuel des voitures, et il a cependant l'avantage de se débiter facilement en pavés cubiques : des coups vivement appliqués suffisent, en effet, pour fendre la pierre nettement et par larges éclats.

Les grès silicéux sont fréquemment employés comme pierres à aiguiser; on s'en sert aussi pour le polissage et la taille des corps durs : c'est avec des meules d'un grès très dur que l'on taille les agates et le cristal de roche.

Quant aux *grès calcaires*, ils sont assez souvent employés dans les constructions. Presque toutes les constructions de l'Alsace et de la Lorraine sont en grès. La cathédrale de Strasbourg, les palais les plus remarquables de Florence, sont en grès.

CHAPITRE VI.

GRANIT ET SABLES.

Granit. — Structure complexe du granit. — Sables et cailloux roulés.

Structure complexe du granit. — Le *granit* a une structure encore plus complexe que celle du grès. Regardez attentivement à la loupe un échantillon de granit : vous y verrez un enchevêtrement de *cristaux* de diverses couleurs, très faciles à distinguer les uns des autres.

Les uns sont sous la forme de lames brillantes, planes et unies, que l'on peut séparer aisément avec un canif en lamelles très minces. La substance qui constitue ces cristaux est le *mica*. Sa couleur est très variable : les cristaux de mica sont blancs, verts, jaunes, bruns, noirs, suivant les cas.

A côté des lamelles de mica, vous voyez de petits cristaux incolores, brillants, qui ne sont pas rayés par le canif : ce sont de petits cristaux de *cristal de roche*.

Enfin le granit contient d'autres cristaux, en plus grand nombre que les premiers, qui ne sont ni brillants ni transparents, mais seulement un peu miroitants, de nuances diverses. Ces cristaux sont très difficilement rayés par un canif ; ils sont moins durs que le cristal de roche, mais au moins aussi durs que l'acier : ils sont formés de *feldspath*.

Ces trois roches, *mica*, *cristal de roche* et *feldspath*, forment le *granit* par leur réunion. Les deux dernières, qui y entrent en plus grande quantité, étant très dures, le granit est lui-même très dur ; aucune des trois roches ne faisant effervescence avec les acides, le granit ne fait pas non plus effervescence.

Enfin, comme le mica et le feldspath ont les colorations les plus variées, on aura aussi des granits de nuances très diverses : il y a des granits rouges, gris, verts, violets, noirs.

Usages du granit. — Le granit est très abondant à la surface de la terre : il existe des régions entières, telles que le Limousin, la haute Auvergne, la Bretagne, qui en sont entièrement formées. Toutes les grandes chaînes de montagnes en contiennent : on en trouve de grands amas dans les Alpes, dans les Vosges et dans les Pyrénées.

Cependant le granit est peu employé, car sa dureté en rend la taille trop difficile et trop coûteuse. Il n'y a que dans les pays granitiques, là où le calcaire fait complètement défaut, qu'on l'emploie dans les constructions : les villes de Limoges, de Saint-Brieuc, d'Autun, de Cherbourg, sont édifiées en granit. On a eu soin de choisir, pour bâtir ces villes, les variétés de granit les moins dures et les plus faciles à tailler.

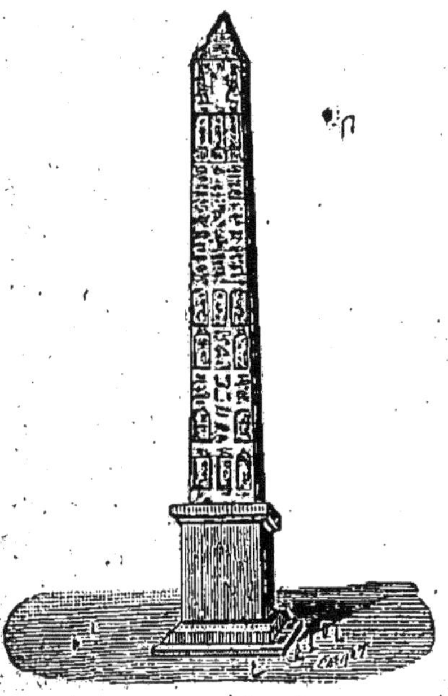

Fig. 23. — Obélisque.

On emploie aussi quelquefois cette pierre pour faire des objets d'art ou de décoration. Elle peut se polir comme le marbre et prendre l'aspect le plus riche : par leur dureté et l'éclat de leurs couleurs, certains granits bien polis ressemblent à un assemblage de pierres précieuses.

Les décorations faites avec le granit sont donc au moins aussi belles que celles qui sont faites avec le marbre, et elles ont une valeur beaucoup plus grande, à cause de la difficulté qu'on éprouve à travailler cette roche dure. Elles résistent indéfiniment à l'épreuve du temps et constituent les plus durables de toutes les œuvres humaines. « Rien n'est plus frappant que de voir cette vieille Égypte, témoin de tant de révolutions et de tant de guerres qui ont bouleversé le sol où ses habitants ont vécu, debout en partie encore aujourd'hui sur les rives du Nil, par les inaltérables monuments de granit sur lesquels elle a retracé ses usages, ses croyances et son histoire. »

L'obélisque de Louqsor (*fig.* 23), transporté d'Égypte à Paris, est un exemple de ces antiques monuments taillés d'une seule pièce dans la roche granitique.

Porphyre, ardoise. — Le *porphyre* est d'une composition très analogue à celle du granit. Comme le granit, il renferme du *mica*, du *cristal de roche*, du *feldspath*; seulement, ces cristaux, au lieu de constituer la roche à eux seuls, sont réunis par un ciment non cristallisé. Le porphyre sert aux mêmes usages que le granit. Le *porphyre rouge antique* est la plus belle de toutes les variétés : les anciens en ont fait un grand usage comme pierre de décoration pour de nombreux objets, tels que caves sépulcrales, baignoires, tables, socles, colonnes, statues, dont une partie orne aujourd'hui nos musées. A Paris, le porphyre commun est employé à faire des pavés, des dalles de trottoirs, et aussi à empierrer les boulevards et les quais.

L'*ardoise* est également formée d'un ciment non cristallisé réunissant des cristaux plus ou moins nombreux. Mais ici le ciment se compose d'une pierre argileuse qui se laisse facilement rayer au couteau : l'ardoise n'a pas la dureté du granit ou du porphyre. Elle est remarquable surtout en ce qu'elle se laisse diviser très aisément en lamelles minces de grande étendue. Elle est employée, à cause de cela, à couvrir les édifices, à faire des dalles, des tables, des planches à écrire. Les meilleures ardoises de France sont celles d'Angers, en raison de leur structure fine et régulière.

Sable. — Le *sable* se compose d'une multitude de petits quartiers de pierres siliceuses, tantôt arrondis et tantôt anguleux. Ils proviennent de l'altération lente de ces pierres sous l'action de l'air et de la pluie. Le grès et le granit surtout donnent du sable par leur altération; ce ne sont pas, bien entendu, les grès et les granits durs et compacts qui se désagrègent ainsi, mais seulement les plus *friables*, ceux dont les éléments sont mal collés les uns aux autres.

Le sable forme des couches très importantes du sol; ces couches sont tantôt à la surface, tantôt à une certaine profondeur. Le lit des rivières est presque toujours formé du sable que les pluies ont amené des montagnes et des collines voisines, où le cours d'eau a pris naissance.

Les usages du sable sont nombreux et importants. Il forme un des éléments du mortier, et vous savez que le mortier est indispensable à toutes les constructions. Le sable entre dans la composition de tous les verres, verre à vitres, verre à bouteilles, cristal. C'est avec du sable qu'on fabrique les moules dans lesquels sont coulés les objets de fonte et de bronze. On s'en sert pour sabler les allées, pour nettoyer les ustensiles de cuisine.

Cailloux roulés. — Les cailloux arrondis, que l'on trouve à chaque pas dans le lit des torrents, des rivières, sur le bord de la mer, sont aussi des pierres siliceuses ou granitiques. On le reconnaît à ce qu'ils ne se laissent pas rayer avec le couteau, et à ce qu'ils ne font pas effervescence avec les acides.

La forme des cailloux roulés est due à l'action du courant et des vagues, qui, en les frottant constamment les uns contre les autres les ont usés et polis (*fig.* 24). Ceci vous explique pourquoi les cailloux

Fig. 24. — Cailloux roulés.

roulés sont toujours formés par des pierres très dures : les roches tendres sont très vite usées et désagrégées par l'action de l'eau, et disparaissent.

Les *cailloux roulés* des rivières, les *galets* des bords de la mer, servent à l'empierrage des routes; quelquefois ils remplacent les moellons dans les constructions; on les emploie, enfin, à paver les rues de certaines villes. On ne les fait servir à ces deux derniers usages que lorsqu'on n'a aucune autre pierre plus convenable.

DEUXIÈME PARTIE.

TERRE VÉGÉTALE.

CHAPITRE Ier.

COMPOSITION DE LA TERRE VÉGÉTALE.

Débris de roches mêlés à des détritus d'origine organique, humus. Terres légères et sablonneuses, perméables à l'eau et à l'air. Terres fortes et argileuses, plus ou moins imperméables ; marnes.

Nous avons examiné, dans les chapitres précédents, quelles roches constituent la croûte terrestre. Mais toutes ces roches, *calcaires*, *siliceuses*, *sablonneuses*, *granitiques*, *argileuses*, se montrent rarement à la surface du sol; presque toujours elles sont recouvertes par une couche plus ou moins épaisse d'une matière pulvérulente brune qu'on désigne sous le nom de *terre végétale*.

C'est dans cette couche que s'enfoncent les racines des plantes, c'est là qu'elles puisent une grande partie des substances dont elles ont besoin pour végéter : dans les endroits où il n'y a pas de *terre*, il n'y a pas de végétation. Ceci vous montre que la *terre végétale* est absolument indispensable aux hommes et aux animaux, car elle leur fournit les *végétaux*, sans lesquels ils ne tarderaient pas à mourir de faim. Les pierres que nous avons étudiées jusqu'ici n'ont pas, à elles toutes, une importance qui soit comparable à celle de la terre végétale.

Composition de la terre végétale. — Mettez dans une passoire à gros trous deux ou trois poignées de *terre végétale* bien sèche, et agitez pendant un moment au-dessus d'une grande feuille de papier blanc. Toute la matière passera à travers les trous, à l'exception de quelques cailloux de trop grande dimension. Ces cailloux ne font réellement pas partie de la terre végétale; ils sont là comme de véritables impuretés presque sans importance; vous pouvez les jeter, nous n'en parlerons plus.

Regardez maintenant avec attention la poussière qui se trouve étalée sur le papier; si vous possédez une loupe, employez-la : vous y verrez mieux encore. Que distinguez-vous? D'abord de nombreux débris de végétaux, parcelles de racines, de tiges, de feuilles, de fleurs, de fruits. Ces débris sont bien petits, et, même avec la loupe, vous ne distinguez que les plus gros; mais, en y mettant une grande patience, il vous serait possible d'en trier une partie, et d'en faire un petit tas. Ces débris végétaux constituent un des éléments de la terre végétale, le *terreau*.

A côté des fragments de terreau, vous voyez une poussière minérale formée de grains de diverses grosseurs, depuis ceux qui ont traversé difficilement les trous de la passoire, jusqu'à ceux que la loupe vous permet à peine d'apercevoir. Tous ces grains ne sont pas de même nature, et vous allez les séparer les uns des autres.

Pour cela, jetez-les dans un grand bocal plein d'eau, et remuez pendant quelques minutes avec une baguette (*fig.* 25). L'eau se trouble, elle devient épaisse et jaunâtre: c'est que la terre s'y est en partie délayée. Cessez maintenant d'agiter et versez doucement l'eau trouble dans une terrine. Il restera, au fond du bocal, les grains les plus gros et les plus résistants, ceux qui n'ont pas pu se délayer pendant l'agitation; ces grains sont durs, vous ne pouvez pas les écraser entre les doigts, ils sont capables de rayer la pierre calcaire :

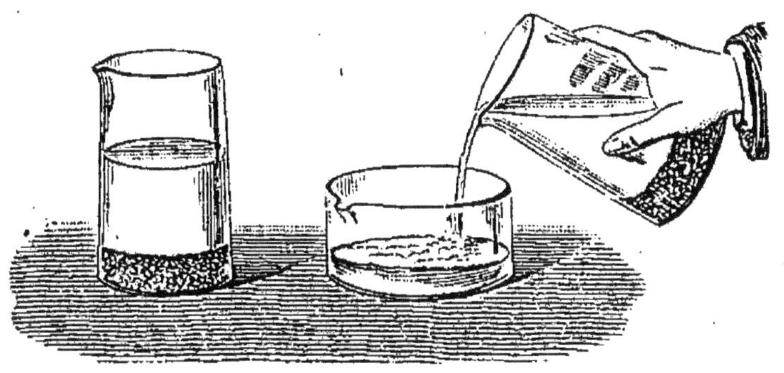

Fig. 25. — Séparation des éléments de la terre végétale.

ce sont des grains de *sable*. Le sable est un autre élément de la terre végétale.

Revenez à l'eau trouble de la terrine. Elle laisse se déposer peu à peu les matières qu'elle tenait en suspension, et, après quelques heures d'attente, vous la voyez aussi limpide que de l'eau de source. Enlevez-la tout doucement, de peur qu'elle ne se trouble de nouveau, et regardez ce qu'elle laisse au fond de la terrine. C'est une sorte de pâte molle, très douce au toucher, semblable en tous points à de l'argile arrosée d'eau. Si vous faites sécher cette pâte au soleil, elle prendra toutes les propriétés de l'argile; elle formera une croûte fendillée happant à la langue et se laissant rayer par l'ongle; si vous la faites cuire dans le feu, elle donnera une brique assez résistante. La terre végétale renferme donc de l'*argile* : c'est un troisième élément.

Mais cette pâte n'est pas formée d'argile pure : arrosez-la avec du vinaigre, et vous verrez se produire une vive effervescence, qui vous indiquera la présence du *calcaire*. Le calcaire est le quatrième des éléments qui forment la terre végétale.

En résumé, la terre végétale est composée : 1° *de terreau*; 2° *de sable*; 3° *d'argile*; 4° *de calcaire pulvérulent*, c'est-à-dire de calcaire réduit en une poussière assez fine pour se délayer dans l'eau.

Formation de la terre végétale. — Presque toutes les roches s'altèrent peu à peu sous l'action de l'air, de l'humidité, et des variations de la température. Regardez une maison construite depuis longtemps : les pierres calcaires qui la composent ont perdu leur aspect primitif; leur surface est devenue rugueuse, percée d'un grand nombre de petits trous; les sculptures n'ont plus ni contours délicats, ni arêtes saillantes. Et pourtant ces pierres n'ont eu à subir aucun choc, aucun frottement : c'est l'action incessante de l'air, l'action souvent renouvelée de la pluie et de la gelée qui ont produit l'effet que vous observez; c'est cette action qui, à la longue, a réduit une partie de la pierre en une poussière impalpable de calcaire pulvérulent.

Eh bien, les pierres calcaires qui sont à la surface du sol, dans les vallées et sur les montagnes, sont désagrégées de la même façon et forment le calcaire pulvérulent que vous avez trouvé dans la terre végétale. Le grès, peu à peu altéré de la même manière, donne naissance au *sable*. Certains granits même, dont les trois éléments ne sont pas solidement soudés les uns aux autres, se réduisent en petits grains de mica, de quartz et de feldspath, pour former un sable tout aussi dur que le sable ordinaire.

Tous ces débris, mélangés avec de l'argile et avec des détritus végétaux, constituent *la terre*. Sur les plateaux

Fig. 26. — Terre végétale et sous-sol calcaire.

élevés, la terre se forme sur place, par l'altération des roches du sous-sol : si le sous-sol est calcaire (*fig.* 26), la terre sera riche en calcaire pulvérulent; si le sous-sol est argileux, la terre renfermera beaucoup d'argile; si le sous-sol est sablonneux, la terre sera sablonneuse.

Sur les pentes des montagnes et des collines, la terre végétale, entraînée par les pluies qui descendent vers la plaine, n'atteint jamais qu'une faible épaisseur; souvent même, quand la pente est rapide, il n'en reste pas du tout : la roche dure est à découvert, constamment lavée par les eaux.

La terre végétale, ainsi entraînée par les eaux, descend dans les vallées : là, elle s'accumule; son épaisseur augmente et devient quelquefois considérable. De plus, la composition de la terre des vallées peut être toute différente de la composition du sous-sol : elle dépend plutôt de la nature des roches qui forment les collines voisines.

En voyant la lenteur avec laquelle se désagrègent les pierres de nos édifices, vous devez penser que la formation de la terre végétale ne s'accomplit pas vite : il a fallu un grand nombre de siècles pour produire la couche dans laquelle poussent les fleurs de votre jardin.

Qualités que doit avoir une bonne terre végétale. — Pour être parfaite, une terre végétale doit *contenir en abondance toutes les substances qui sont nécessaires à la vie des plantes*. Elle doit être *perméable* à *l'air*, à *l'eau*, et à *la chaleur*; l'air et la chaleur sont aussi nécessaires aux racines des plantes qu'à leurs feuilles; quant à l'eau, elle a pour fonctions de *dissoudre* les substances nourrissantes que contient la terre et de permettre qu'elles soient *absorbées* par les racines.

La terre, enfin, doit se laisser facilement traverser par les racines, et leur offrir en même temps un point d'appui assez résistant pour que la plante ne soit pas renversée par les chocs ou emportée par le vent.

La terre possède toutes ces qualités quand elle contient des quantités convenables de *terreau*, d'*argile*, de *calcaire pulvérulent* et de *sable*; vous le comprendrez quand je vous aurai indiqué le rôle de chacun de ces quatre éléments.

Rôle du terreau. — Le *terreau*, qu'on nomme aussi fort souvent *humus*, est l'ensemble des matières d'origine organique qui se trouvent accumulées dans la terre végétale. Ces matières proviennent des engrais et des débris des plantes que le sol a portées.

Le terreau pur est une masse poreuse de couleur noire. Il contient presque tout ce qui est nécessaire à la végétation; lorsqu'il est mouillé par les eaux de pluie, il leur abandonne ses substances solubles nutritives, et les racines peuvent alors, en pompant ce liquide, faire monter dans la plante tous les aliments dont elle a besoin. Le terreau est la matière alimentaire des végétaux : c'est à la fois leur pain, leur viande et leur boisson. Mais n'allez pas croire qu'une terre formée exclusivement de terreau puisse être une bonne terre. Le terreau est *trop meuble*, c'est-à-dire qu'il se divise trop facilement en petites parcelles; et, par conséquent, il n'a pas une *ténacité* suffisante pour que les plantes s'y fixent solidement. De plus, il est excessivement *humide*; l'eau de pluie le pénètre, le fait gonfler et provoque dans sa masse une *putréfaction* rapide des matières organiques : la terre qui contient trop de terreau se remplit de gaz putrides qui sont très funestes à la végétation.

Rôle de l'argile. — L'argile fournit peu de nourriture aux plantes; mais elle a la précieuse qualité d'absorber les matières nutritives qui proviennent de la décomposition lente du terreau et des engrais. Sans l'argile, ces précieux aliments seraient en grande partie entraînés par les eaux avant de pouvoir être pompés par les racines. De plus, l'argile absorbe l'oxygène de l'air, qui est aussi nécessaire aux racines des plantes qu'il l'est aux animaux : grâce à l'argile, la terre est aérée.

Enfin, cette substance permet aux racines de s'attacher fortement, car elle est très tenace.

Rôle du calcaire pulvérulent. — La principale qualité du calcaire pulvérulent est de faciliter, d'activer la décomposition des engrais et du terreau, décomposition sans laquelle le terreau ne serait pas propre à nourrir le végétal. Mélangé avec l'argile, il l'empêche de trop se durcir sous l'action du soleil et d'arrêter la croissance des racines.

Rôle du sable. — Le sable est peut-être le moins important des éléments de la terre, car il n'a presque aucune action particulière; et cependant le poids de sable contenu dans presque toutes les terres végétales est plus grand que le poids des trois autres éléments réunis. Il a dans la terre le rôle que l'azote a dans l'air : il empêche les autres éléments d'agir trop énergiquement.

Le sable, en effet, se laisse aisément traverser par l'eau : il empêchera le terreau et l'argile de retenir trop d'humidité; il est très meuble : il s'opposera à la formation d'une pâte argileuse trop compacte, à travers laquelle les racines ne pourraient pas passer; enfin, il est très perméable à l'air, à l'eau et à la chaleur : il permettra à ces trois agents, indispensables à la vie souterraine des plantes, de circuler librement à travers les racines.

Résumé. — Vous voyez que, en résumé, le terreau fournit la presque totalité des aliments de la plante; le calcaire pulvérulent active la décomposition du terreau, c'est-à-dire la préparation des aliments;

l'argile retient ces aliments, de manière que les racines les trouvent toujours à leur portée; le sable rend la terre perméable à l'air, à l'eau et à la chaleur, sans lesquels la végétation ne saurait se produire.

L'expérience a montré aux agriculteurs qu'une terre végétale est parfaite quand elle renferme, sur 100 grammes :

10 grammes de terreau,
10 grammes de calcaire pulvérulent,
25 grammes d'argile,
55 grammes de sable.

Diverses sortes de terres végétales. — Malheureusement, ces proportions des divers éléments, qui sont les meilleures, se rencontrent bien rarement. Presque toujours les terres renferment en excès l'un des éléments, tandis que les autres sont en trop petite quantité. Il en résulte des défauts plus ou moins graves, qui rendent la terre moins fertile, ou même complètement impropre à la culture.

Je veux vous dire quelques mots de ces défauts.

Terres fortes et argileuses, plus ou moins imperméables. — Les *terres* qui renferment trop d'*argile* se reconnaissent à ce qu'elles forment avec l'eau une pâte qui se pétrit sous les doigts : cette pâte, séchée au soleil, devient dure, peut se couper au couteau et happe à la langue. On les appelle *terres glaises* ou *terres fortes*.

Elles ont le défaut d'être tellement *compactes* que les racines ne peuvent les traverser que très difficilement, et qu'on ne peut les labourer qu'avec la plus grande peine. En temps d'humidité, elles arrêtent complètement les eaux, car elles sont à peu près complètement imperméables; en temps de sécheresse, elles deviennent d'une dureté excessive. De plus, elles ne se laissent traverser ni par la chaleur ni par l'air.

Ces défauts sont si graves que les terres fortement argileuses ne sont pas susceptibles d'être cultivées. On les emploie à la fabrication des briques et des poteries; on s'en sert pour faire le sol des granges et des habitations pauvres.

Quand l'excès d'argile n'est pas trop considérable, qu'il n'y en a pas plus de 35 grammes sur 100 grammes de terre, on peut cultiver avec avantage les *terres argileuses*, les améliorer par un traitement convenable et leur faire produire de bonnes récoltes de *trèfle*, de *luzerne* et de *blé*.

Terres calcaires. Marnes. — Les *terres* qui renferment trop de *calcaire* sont blanches et se délayent aisément dans l'eau, mais sans y former de pâte; séchées au soleil, elles se réduisent en mottes très fragiles; elles font une très vive effervescence avec le vinaigre; elles blanchissent les doigts, comme la craie.

Les terres qui renferment du calcaire en très grand excès, plus de la moitié de leur poids, portent le nom de *marnes;* elles sont absolument infertiles; mais vous verrez dans le chapitre suivant que les agriculteurs en tirent souvent un parti utile.

L'excès de calcaire rend les terres trop humides en temps de pluie, trop sèches et trop chaudes en temps de soleil; il épuise les engrais en les décomposant trop rapidement. Les terres fortement calcaires sont presque complètement infertiles.

Terres légères et sablonneuses, perméables à l'eau et à l'air. — Les *terres* qui renferment trop de *sable* se reconnaissent à ce caractère, qu'elles ne peuvent pas se délayer dans l'eau. Leur plus grand défaut est de manquer de *consistance*, ce qui les rend trop *meubles* et trop *perméables :* c'est pour cette raison qu'on les nomme *terres légères*. Elles se laissent trop facilement pénétrer par l'air, ce qui détermine un épuisement rapide de leur terreau; de plus, elles permettent à l'eau de s'écouler trop rapidement : aussi sont-elles excessivement sèches et chaudes en été.

Les terres sablonneuses sont d'une culture facile; mais elles ne donnent que des récoltes très médiocres : on les abandonne souvent à la culture des pins. Quand elles renferment, outre l'excès de sable, une assez forte proportion d'argile ou de terreau, on peut en augmenter la fertilité au moyen d'un traitement bien dirigé.

La *terre de bruyère* ou *terre de jardinier*, très mauvaise pour l'agriculture, mais excellente pour certaines plantes des jardins, est un mélange de sable et de terreau, qui ne renferme presque pas d'argile ni de calcaire.

Terres humifères. — Les *terres humifères* sont celles qui renferment trop d'*humus*, ou de *terreau*. Elles sont noires et boursouflées; quand on les délaye dans l'eau, elles exhalent une odeur fétide. En les regardant avec attention, on y voit des débris végétaux si nombreux, qu'elles en semblent exclusivement formées. On leur donne généralement le nom de *tourbes*, ou *terres marécageuses*, parce qu'elles sont formées par l'accumulation au fond des marais des débris de la végétation des plantes aquatiques. Elles sont toujours d'une *humidité excessive*, humidité qui engendre la *putréfaction*. Ce sont peut-être les moins fertiles de toutes les terres, et l'agriculture n'en tire aucun profit.

CHAPITRE II.

CULTURE DES TERRES VÉGÉTALES.

Amendements. — Engrais.

Je vous ai dit que la terre végétale n'a que bien rarement toutes les qualités qui constituent une terre parfaite. Tantôt elle est trop argileuse, tantôt trop calcaire, trop sablonneuse ou trop riche en terreau; il en résulte des défauts que je vous ai montrés. Quelquefois la terre, quoique ayant une bonne composition, est trop humide, parce qu'elle est dans un basfond où arrivent en abondance les eaux des collines voisines; d'autres fois une terre sera trop sèche au moment où les pluies sont peu abondantes.

L'agriculteur cherche toujours à atténuer autant que possible tous ces défauts par des travaux de culture. Ce sont ces travaux que nous allons maintenant passer en revue.

Terres trop humides. Drainage. — Dans les terres trop humides, les graines se pourrissent sans germer; les engrais se décomposent mal et rendent la terre malsaine; les plantes marécageuses poussent avec force et tuent les plantes utiles, dont les racines ne peuvent vivre sous l'eau.

Les terres trop humides sont celles qui sont situées dans les bas-fonds, celles qui sont trop argileuses et celles qui sont placées sur un sous-sol imperméable à l'eau : ainsi les sous-sols glaiseux retiennent les eaux de pluie et rendent le sol humide.

La seule manière de corriger l'humidité extrême d'un terrain est d'en faire écouler l'excès d'eau. Le moyen le plus simple pour y arriver consiste à creuser à la surface du sol des *fossés* et des *rigoles* dirigés dans le sens de la *pente* du terrain et aboutissant à un ruisseau, à une rivière, à un étang ou à une mare placée plus bas que le terrain à dessécher. Alors l'eau s'écoule jusqu'au réservoir, au lieu de demeurer stagnante, et l'on voit la terre acquérir une fertilité qu'elle n'avait pas auparavant.

Quand les *fossés* et les *rigoles* ne suffisent pas à l'écoulement des eaux, l'agriculteur a recours au *drainage*. Il creuse des *tranchées* d'environ 1 mètre de profondeur (*fig.* 27), au fond desquelles il pose des tuyaux de terre cuite, appelés *tuyaux de drainage* ou *drains*; ces tuyaux sont ensuite recouverts avec la terre qu'on avait tirée de la tranchée, de façon qu'il ne reste plus à la surface du sol aucune trace apparente du travail qui a été effectué.

Fig. 27. — Drainage circulant à un mètre au-dessous du sol.

Les tuyaux sont seulement posés à la suite les uns des autres et non cimentés. Les eaux du sous-sol entrent par les fentes qui séparent les tuyaux successifs, et s'écoulent suivant la pente du conduit souterrain pour aller se déverser dans un tuyau *collecteur* unique, qui les conduit dans un étang ou dans un ruisseau voisin.

Le drainage dessèche les terres bien plus complètement que les rigoles ordinaires. Les terres qui renferment en grand excès l'argile ou le terreau ont absolument besoin du drainage pour devenir fertiles.

Terres trop sèches. Irrigation. — Quand une terre est trop sèche, les graines s'y conservent sans germer ; les racines n'y trouvent pas assez d'eau pour renouveler constamment la sève de la plante, et celle-ci meurt d'épuisement, de *soif* et de *faim*.

Les terres sablonneuses, celles des coteaux, sur la pente desquels l'écoulement est trop rapide, celles qui reposent sur un sous-sol trop perméable, sont surtout exposées à la sécheresse.

Quand au-dessus des champs qui n'ont pas assez d'eau il y a une rivière, un ruisseau ou un étang, on peut remédier au défaut d'humidité par l'*irrigation*, qui est un *arrosage* fait en grand. Pour *irriguer* un terrain, on creuse à sa surface de nombreuses rigoles, dans lesquelles ont fait arriver l'eau du ruisseau ou de l'étang. Au moyen de portes que l'on ouvre et que l'on ferme à volonté, on arrose quand le besoin d'eau se fait sentir, et on arrête l'irrigation quand l'humidité est devenue assez grande.

L'irrigation est très utile dans toutes les terres sèches ; elle produit surtout de bons effets dans les *prés* : car les prairies ont besoin de beaucoup plus d'humidité que les autres cultures.

Amendements. — La terre végétale contient souvent une quantité trop faible de l'un de ses éléments essentiels. On cherche à remédier autant que possible aux défauts qui résultent de cette mauvaise composition, en ajoutant à la terre un peu de l'élément qui lui manque. Ces substances que l'on ajoute ainsi au sol, pour en diminuer les défauts naturels, se nomment des *amendements*. Nous allons indiquer quels sont les amendements les plus employés.

Amendement des terres qui manquent de calcaire. — Vous savez que les *terres fortes et argileuses* sont trop compactes, qu'elles ne se laissent traverser ni par les racines des plantes, ni par la chaleur, ni par l'air ;

qu'elles sont trop humides quand il pleut, trop sèches quand il ne pleut pas. Mais si on les mélange avec une quantité suffisante de *calcaire*, on fait disparaître en partie ces défauts si graves.

D'un autre côté, les *terres légères et sablonneuses* manquent de consistance; elles se laissent trop facilement traverser par l'eau et par l'air; elles sont trop meubles. Le *calcaire*, ajouté à ces terres, leur donne plus de solidité et arrête un peu l'écoulement des eaux.

Le calcaire est donc utile aux terres fortes comme aux terres légères : c'est le plus important de tous les amendements, et le plus souvent employé. Mais pour qu'il produise un bon effet, il faut qu'il soit à *l'état pulvérulent* : vous comprenez que des *pierres calcaires*, répandues en morceaux dans un terrain, ne lui feraient aucun bien. Il faudra donc *amender* avec du calcaire qui soit dans un état convenable : on se sert de la *marne* et de la *chaux*.

Nous connaissons déjà ces deux substances. La *marne* est une terre *très riche en calcaire* : elle se reconnaît à ce qu'elle fait très vivement effervescence avec les acides, et à ce qu'elle se *délite* entièrement sous l'action de l'eau et se réduit en une *poudre impalpable*.

Pour *marner* une terre, on conduit la marne sur le terrain en automne, autant que possible; on l'y dépose en tas régulièrement espacés. Elle passe l'hiver en cet état ; elle se délite sur place, sous l'influence des pluies et surtout des gelées. Au printemps, on la répand uniformément à la surface des champs, et on la mélange avec la terre par un labour.

On aime mieux quelquefois ajouter de la *chaux* à la terre. Le *chaulage* est plus coûteux que le *marnage*, mais il produit de meilleurs effets.

Pour *chauler* un terrain, on amène la chaux sur le champ et on la distribue en petits tas distants de 5 à 6 mètres. On recouvre les tas avec un peu de terre, et on laisse la chaux se déliter par l'effet des pluies, et tomber en poussière au milieu de la terre qui l'entoure. On remue alors les tas pour mélanger la chaux avec la terre, et on répand le tout à la surface du sol. Ce n'est pas du calcaire que l'on a ainsi ajouté à la terre ; mais vous savez bien que la *chaux*, se *combinant* lentement avec l'*acide carbonique* de l'air, se transforme peu à peu en calcaire : c'est ce qui a lieu dans ce cas.

La chaux produit les meilleurs résultats dans les terres *trop argileuses*, et surtout dans les terres *trop riches en terreau*. Dans les terres *trop sablonneuses*, la marne est préférable à la chaux. Dans la Mayenne, dans les Deux-Sèvres, dans la Vendée, la chaux a transformé en campagnes fertiles les landes les plus incultes.

Enfin, on améliore souvent les terres qui manquent de calcaire en les *amendant* avec du plâtre. Le plâtre n'est pas du calcaire, et vous savez bien qu'il ne fait pas effervescence avec le vinaigre; mais l'expérience a montré qu'il corrige parfaitement bien une partie des défauts des terres pauvres en calcaire. C'est surtout dans les prairies artificielles que le plâtre produit de bons effets. Au printemps, on le répand à la volée sur les luzernes, sur les sainfoins et sur les trèfles. C'est Franklin, l'inventeur du paratonnerre, qui, le premier, a conseillé en Amérique l'emploi du plâtre comme amendement. Pour convaincre les incrédules, il écrivit dans une prairie, avec de la poussière de plâtre, en lettres gigantesques :

CECI A ÉTÉ PLÂTRÉ.

« La prairie poussa si vigoureuse aux points marqués, que pendant toute une saison on put lire, en magnifiques lettres vertes, l'enseignement du grand savant. Depuis cette époque, on emploie, en Europe aussi bien qu'en Amérique, d'énormes quantités de plâtre pour exciter la végétation des prairies artificielles. »

Amendement des terres qui manquent d'argile. — Les terres qui n'ont pas *assez d'argile*, qui sont *trop légères*, sont difficiles à améliorer. L'expérience a montré que, pour leur enlever leurs défauts, il faudrait y transporter des quantités d'argile si considérables, que les frais dépasseraient de beaucoup le prix de la récolte.

Cependant, lorsqu'une terre légère repose sur un sous-sol argileux, on peut, en labourant très profondément, mélanger la terre végétale avec le sous-sol et obtenir ainsi une amélioration considérable. C'est ce qu'on fait en Sologne.

Quand les champs sont dans le voisinage d'un ruisseau, on peut aussi profiter des crues pour les arroser avec les eaux chargées de *limon*. Ce limon, très argileux, se déposera sur le sol et l'amendera d'une manière très avantageuse.

Amendement des terres qui manquent de sable. — Le sable donne de la légèreté à la terre : il serait donc très utile d'en ajouter au sol quand il est *trop argileux*. Mais ici encore les dépenses seraient trop fortes, car il faudrait une énorme quantité de sable pour produire un effet sensible. Le sable n'est pas employé comme amendement.

Amendement des terres qui manquent de terreau. — Avec les terres qui manquent de *terreau* on mélange quelquefois des terres marécageuses très riches en terreau. Cette opération produit d'excellents effets dans la Beauce, surtout quand on veut créer des prairies artificielles.

Résumé. — Toutes les opérations précédentes ont pour but d'améliorer les terres en atténuant leurs défauts les plus graves. *Irrigation*, *drainage*, *marnage*, *chaulage*, *plâtrage*, tendent au même but dans des circonstances différentes : donner à la terre que l'on veut cultiver les qualités d'une terre parfaite. Disons deux mots maintenant de la culture d'une terre parfaite, ou d'une terre améliorée.

Labourage. — Chaque fois qu'une terre doit être ensemencée, on la *laboure* à plusieurs reprises à l'aide de la *charrue*. Sans cette opération, la terre, durcie par les pluies, tassée par l'effet de son poids, serait trop compacte; les graines demeureraient à sa surface; les racines ne pourraient pas s'enfoncer librement; l'eau glisserait rapidement sur ce sol battu, sans y pénétrer; l'air ne circulerait plus à l'intérieur et ne viendrait plus baigner les racines, ni favoriser la décomposition lente du terreau. En un mot, une terre non labourée serait improductive.

Le labourage rend la terre plus meuble : il permet à l'air et à l'eau d'y pénétrer librement, aux racines de s'y enfoncer; il la mélange avec les *engrais* et les *amendements* qui ont été répandus à sa surface; il ramène à la partie supérieure les couches profondes, qui ont grand besoin d'être aérées. Le labourage est la plus indispensable de toutes les opérations de la culture.

Engrais. — Vous rappelez-vous le rôle du *terreau* ou *humus* dans la terre végétale? C'est, vous ai-je dit, la matière alimentaire des végétaux; c'est à la fois leur pain, leur viande et leur boisson. Peu à peu, sous l'action de l'eau, de l'air, du calcaire pulvérulent, les débris organiques qui constituent le terreau se décomposent; leur décomposition donne naissance à des produits solubles dans l'eau, qui sont absorbés par les racines et montent dans la plante pour la nourrir.

Cela vous montre que chaque récolte demandée à la terre lui enlève une partie de son terreau. Si l'on demandait au sol un grand nombre de récoltes successives, il deviendrait bientôt si pauvre en *substances nutritives*, qu'il ne produirait plus rien : les plantes, n'y trouvant plus la nourriture, sans laquelle elles ne peuvent végéter, ne s'y développeraient plus.

Pour conserver au sol sa fertilité, il faut lui restituer tout ce que les récoltes successives lui enlèvent.

Les *engrais* sont les matières que l'on ajoute au sol pour en maintenir la fertilité, pour compenser les pertes que lui font subir les récoltes.

Vous voyez que les *engrais* sont bien différents des *amendements*. Les amendements ne se mettent que dans les terres imparfaites, pour en diminuer les défauts : une bonne terre n'a pas besoin d'amendements. Toutes les terres, au contraire, ont besoin d'engrais, et il faut leur en donner d'autant plus qu'on leur demande de plus fortes récoltes. La terre la plus fertile deviendrait improductive si l'on restait plusieurs années sans lui donner d'engrais.

Différentes sortes d'engrais. — Les engrais employés par les agriculteurs sont très nombreux. Toute matière qui peut être absorbée par la plante et servir directement à sa nutrition est un engrais. Les minéraux, les végétaux, les animaux fournissent des engrais, qui sont employés suivant les circonstances.

Mais, pour faire pousser vigoureusement une plante, il ne suffit pas de lui donner un engrais quelconque; il faut lui donner précisément l'engrais dont elle a besoin. Les animaux ne se nourrissent pas tous de la même manière : les uns mangent de la viande, les autres de l'herbe, les autres des graines. Un mouton auquel on ne donnerait que de la viande, un chat auquel on offrirait seulement de l'herbe, un chien qui ne mangerait que du sucre, ne tarderaient pas à mourir de faim. Il faut de même à chaque plante une nourriture spéciale : et telle matière qui est un engrais efficace pour une certaine plante, ne produira aucun effet quand on l'appliquera à la culture d'une autre. Ceci vous montre que les agriculteurs ne doivent pas *engraisser* ou *fumer* leurs terres au hasard, mais choisir toujours l'engrais qui convient le mieux à leurs terres et aux récoltes qu'ils leur demandent.

Engrais minéraux. — Dans un grand nombre de départements français, dans la Seine-Inférieure, dans la Somme, dans le Pas-de-Calais, dans la Meuse, dans la Marne, dans l'Isère, dans la Drôme, on trouve des rognons très durs d'une substance appelée *phosphate de chaux*. Ces rognons, quand ils ont été pulvérisés dans des moulins spéciaux, constituent un engrais excellent, qu'on vend dans le commerce sous le nom de *phosphate*. Il n'y a guère plus de quarante ans que cet engrais est employé : il produit d'excellents résultats, surtout dans les terres trop riches en terreau.

Le phosphate ne se trouve pas seulement dans le sol. Les os des animaux en renferment beaucoup : aussi les *os réduits en poudre* sont-ils souvent employés comme engrais. Le *noir animal*, que l'on prépare en chauffant fortement les os, est un autre engrais *phosphaté*.

D'autres corps minéraux, tels que le *sel marin* et la *potasse*, sont encore quelquefois utilisés comme engrais. Les *cendres* qui restent comme résidu de la combustion du bois renferment beaucoup de *potasse* : elles sont fréquemment répandues sur les terres pour les *fumer*. Les cendres ordinaires sont d'un prix trop élevé pour qu'on en fasse un grand usage en agriculture; mais celles qui ont servi au *lessivage* dans les ménages et dans l'industrie constituent un engrais appelé *charrée*, qui produit un bon effet sur certains terrains.

Dans beaucoup de pays, on brûle les mauvaises

herbes qui croissent dans les champs, ou les plantes marines recueillies sur le bord de la mer, et on en mélange les cendres avec la terre végétale.

Engrais végétaux. — Tous les résidus végétaux que rejette l'industrie peuvent servir d'engrais. Les *tourteaux* dont on a retiré toute l'huile, le *marc de raisin* dont on a extrait le vin, les résidus de la préparation de la bière, du sucre, de la fécule de pomme de terre, de l'amidon, servent à fumer les terres.

Les plantes marines que le flot apporte chaque jour sur les bords de l'Océan sont employées au même usage.

Il arrive souvent, enfin, qu'on fait venir sur le sol une récolte de fourrage vert dans le seul but de l'ensevelir par un labour, et d'enrichir ainsi la terre des principes que la plante a empruntés à l'air.

Engrais animaux. — Les engrais animaux sont les plus importants. Le *sang*, les *débris des animaux morts* contiennent beaucoup de substances absorbables par les racines et utiles aux plantes. Les *déjections* de l'homme et celles des animaux ont une valeur tout aussi grande.

Avec les déjections de l'homme, desséchées dans de grandes usines, on fait la *poudrette*. Malheureusement, il y a bien peu de ces déjections qui soient ainsi employées, et l'on calcule que la valeur des déjections perdues *chaque année* est de plus de 200 millions de francs seulement pour la France.

Vous voyez comment les choses les plus viles ont une grande valeur, quand l'industrie de l'homme s'ingénie à les employer utilement.

Le *guano* est formé par des déjections d'oiseaux. L'Océan Pacifique, qui baigne les côtes du Pérou, est peuplé d'une quantité extraordinaire de poissons : une infinité d'oiseaux gros comme des oies, les *cormorans* (*fig.* 28), grands destructeurs de poissons, sont attirés dans ces parages pour leur faire la guerre.

Fig. 28. — Cormoran.

Ils sont si nombreux, que quelquefois, en s'élevant des îles, ils forment comme un nuage qui obscurcit le ciel. Ils mettent deux heures pour passer d'un endroit à un autre, sans qu'on voie diminuer leur multitude. Les déjections de tous ces oiseaux se sont accumulées sur les côtes du Pérou depuis un grand nombre de siècles, et forment des masses énormes de *guano*, engrais extrêmement actif, employé avec grand profit par l'agriculture.

Fumier de ferme.— Mais le plus important, comme le plus ancien de tous les engrais, c'est le *fumier de ferme.* Il est formé par le mélange des déjections des animaux avec diverses matières végétales employées comme litière : il contient par conséquent toutes les substances qui entrent dans la litière et dans les déjections. Tous les éléments nécessaires à l'alimentation des plantes se trouvent réunis dans le fumier, c'est un engrais complet.

Il a sur tous les autres engrais l'avantage de convenir à tous les terrains et à toutes les cultures; bien des agriculteurs n'en emploient jamais d'autre. Tous les autres engrais réunis n'ont pas, à beaucoup près, une importance aussi grande que celle du fumier de ferme à lui tout seul.

TROISIÈME PARTIE.

EAU.

CHAPITRE Ier.

EAUX SOUTERRAINES.

Infiltration des eaux pluviales dans les sols perméables. — Sources. — Puits.

Vous connaissez maintenant les principaux éléments qui forment la croûte de notre globe : les pierres calcaires, la pierre à plâtre, l'argile, les pierres siliceuses, le granit, le sable, et, par-dessus tout, la terre végétale, tels sont, en effet, les matériaux les plus importants de l'écorce terrestre.

Mais, en même temps que tout cela, il y a l'eau, qui est sur la terre en quantité beaucoup plus grande que chacune des autres substances. Nous allons l'étudier à son tour.

La circulation des eaux. — Nous avons déjà beaucoup parlé de l'eau dans les *Premiers Éléments des Sciences expérimentales.* Je vous ai montré comment l'eau de la mer *s'évapore*, sous l'action de la chaleur solaire ; comment elle est transportée par le vent sur les continents, où elle *se condense* pour former la pluie ou la neige. Vous avez vu l'eau, tour à tour *solide* sur les montagnes, *liquide* dans les rivières et dans l'Océan, à *l'état gazeux* dans l'atmosphère, porter partout le mouvement et la vie.

Quand elle est à *l'état gazeux*, elle nous préserve

du refroidissement nocturne; elle nous garantit pendant le jour de l'ardeur trop grande des rayons du soleil; elle est le réservoir d'où sortent les pluies, sans lesquelles la vie des animaux et des plantes serait impossible.

Quand elle est *liquide*, elle forme les ruisseaux, les rivières, les fleuves, les lacs et l'Océan, qui répandent la fraîcheur, entretiennent la végétation sur leurs rives, et servent d'habitation à tant d'animaux divers.

Quand elle est *solide*, enfin, comme un manteau elle garantit la terre des rigueurs de l'hiver; par la fonte très lente de la glace, elle alimente les ruisseaux des régions montagneuses. Et c'est toujours la même eau qui circule ainsi, partant de l'Océan pour y revenir bientôt.

Action des eaux sur les roches. — Nous ne reviendrons pas sur tout cela; ce que je veux vous montrer maintenant, c'est l'action des eaux sur les différentes *roches* que vous connaissez.

La surface de la terre n'est pas toujours la même. Il y a quelques siècles, elle était bien différente de ce qu'elle est aujourd'hui; des changements incessants se produisent encore sous nos yeux, et l'eau est le principal agent de ces modifications. Chaque jour les rivages de la mer changent de forme, le lit des fleuves se déplace, les vallées s'élèvent, pendant que les montagnes s'abaissent. Ce travail des eaux se produit sans relâche, et il vous serait facile d'en être les témoins, comme vous allez bientôt le comprendre.

Regardez ces *cailloux roulés* qui sont si abondants sur les bords de la mer : ils doivent leur forme à l'action incessante de l'eau. Comment a été creusé ce trou profond que vous voyez au milieu de la dalle placée devant chaque fontaine, si ce n'est par la chute continuelle de l'eau? Que la dalle soit en calcaire ou en granit, elle sera creusée à la longue.

Ces observations si simples suffisent pour vous

montrer que l'eau peut ronger et détruire toutes les roches, même les plus dures.

Action dissolvante des eaux. — Vous savez (voir les *Premiers Éléments des Sciences expérimentales*) que les eaux de pluie contiennent toujours en *dissolution* de *l'air* et de *l'anhydride carbonique* emprunté à l'air. Vous savez aussi qu'elles peuvent dissoudre de petites quantités de *calcaire*, de *pierre à plâtre* et de *sel marin*, quand elles rencontrent ces substances sur leur parcours.

Je vous montrerai le rôle important que cette action dissolvante joue dans la nature.

Action mécanique des eaux. — Mais les eaux agissent beaucoup plus encore par la vitesse de leur courant que par leur action dissolvante.

Quand elles se trouvent en contact avec des roches tendres, elles les *désagrègent*, les réduisent en poussière et entraînent dans leur cours les débris qu'elles ont formés ; elles usent peu à peu les pierres les plus résistantes, en les frottant les unes contre les autres; elles entraînent même les rochers et les troncs d'arbres du sommet des montagnes jusque dans les plaines.

C'est en agissant de ces deux manières qu'elles produisent les puissants effets que nous allons examiner.

La pluie. — En tombant sur les pierres tendres, comme le calcaire, et en coulant à leur surface, la *pluie* les use peu à peu (*fig.* 29). De plus, elle dissout une partie de leur substance et l'entraîne. C'est ainsi qu'à la longue le granit est altéré et pulvérisé, et que les trois substances qui le constituent, *quartz*, *feldspath* et *mica*, sont séparées les unes des autres : le rocher est lentement transformé en sable.

En hiver, l'action de la pluie est plus forte qu'en été. Sous l'influence de la gelée, l'eau qui pénètre dans la pierre se congèle, et, en augmentant de volume,

Fig. 29. — Rochers rongés par l'eau de pluie.

elle sépare les molécules et réduit la surface en une fine poussière. Les pierres qui se laissent facilement pénétrer par l'eau et désagréger par la gelée sont appelées *pierres gélives*. On les emploie le moins possible dans les constructions.

Nous avons vu que c'est par l'action successive de la pluie et de la gelée que se forme la terre végétale.

Infiltration des eaux pluviales dans les sols perméables. — La pluie, après qu'elle est tombée sur le sol, ne reste pas en place. La plus grande partie pénètre dans le sol par *infiltration* et disparaît à nos yeux; le reste coule à la surface, le long des pentes, pour aller directement grossir les ruisseaux et les rivières. Occupons-nous d'abord des eaux qui s'enfoncent dans la terre.

La terre végétale retient une grande partie des eaux de pluie; mais, quand elle est complètement imprégnée, l'eau descend à travers les roches perméables. Le sable, les graviers, les calcaires fendillés, la laissent passer très facilement. Pendant cette descente, elle se purifie des corps étrangers qu'elle avait entraînés, et devient limpide : elle est *filtrée* par les roches qu'elle traverse. Mais, en même temps, elle dissout une partie de ces roches, et bientôt elle contient en dissolution du *calcaire*, de la *pierre à plâtre*, du *sel marin* même, si elle a traversé des terrains qui en renferment.

Cette eau va-t-elle ainsi descendre indéfiniment? Non pas : elle finit toujours par rencontrer sur son passage quelque roche *imperméable*, calcaire compact, argile ou marne, qui lui refuse le passage. Alors elle s'étend pour former une *nappe* souterraine, dont la couche imperméable est le fond. Cette nappe d'eau suit toutes les inflexions de la couche imperméable, et si cette couche vient affleurer à la surface du sol, l'eau ressort en *source*.

Les courants souterrains qui circulent ainsi dans les profondeurs de la terre sont souvent considérables : ils constituent quelquefois de véritables rivières, qui entraînent peu à peu les sables, désagrègent les calcaires, délayent les marnes, et, finalement, creusent des canaux de grande longueur, des grottes immenses.

Les rivières mêmes, lorsqu'elles arrivent sur un terrain très perméable, disparaissent quelquefois comme les eaux de pluie, et s'enfoncent sous la terre. Ainsi, la Meuse disparaît complètement sous terre à Bazeilles, pour ressortir plus loin. Il en est de même de la Sorgues de Vaucluse. Beaucoup de cours d'eau ne reparaissent pas à la surface du sol, après s'être engouffrés dans les profondeurs de la terre, et s'en vont directement à la mer par des canaux souterrains.

Les eaux de pluie ne sont pas les seules qui s'infiltrent dans le sol. Les eaux des rivières et celles des lacs pénètrent aussi dans les couches perméables qui avoisinent leurs rives, de sorte que la rive et le lac s'étendent sous le sol jusqu'à de grandes distances. C'est pour cela qu'il suffit le plus souvent de creuser un trou peu profond dans le voisinage d'une rivière, pour le voir se remplir d'eau. Le niveau de l'eau dans ce trou suit toujours le niveau de la rivière : il monte et il descend en même temps que celui de la rivière.

Les puits. — Quand on a besoin d'eau dans un endroit où il n'y a ni source ni rivière, on va en chercher dans les couches qui en renferment. Les ouvertures, souvent très profondes, par lesquelles on va rejoindre les eaux souterraines s'appellent des *puits* (*fig.* 30).

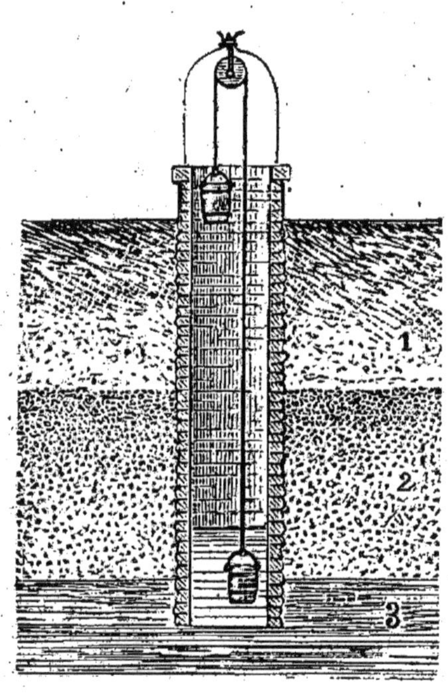

Fig. 30. — Puits.
1. Terre végétale. — 2. Sable perméable.
3. Argile imperméable.

Quand on a creusé un puits, on en soutient les parois, généralement circulaires, par un mur en pierres sans maçonnerie, qui empêchera les éboulements sans empêcher l'eau d'arriver. C'est là ce qu'on appelle un puits ordinaire : vous en voyez partout et tous les jours en grand nombre. On en retire l'eau avec des seaux ou avec une pompe.

Nous avons vu, dans les *Premiers Éléments des Sciences expérimentales*, que l'eau d'un puits peut quelquefois s'élever au-dessus du sol, quand l'eau d'infiltration qui l'alimente vient d'une colline élevée (*fig.* 31) : on a alors un *puits artésien*, ainsi nommé parce que le premier puits de ce genre fut creusé dans la province française de l'Artois.

« Depuis bien des siècles déjà, l'absolue nécessité de trouver des sources dans les contrées arides a fait connaître aux peuples l'existence de ces nappes remontant des profondeurs de la terre. Dans les déserts

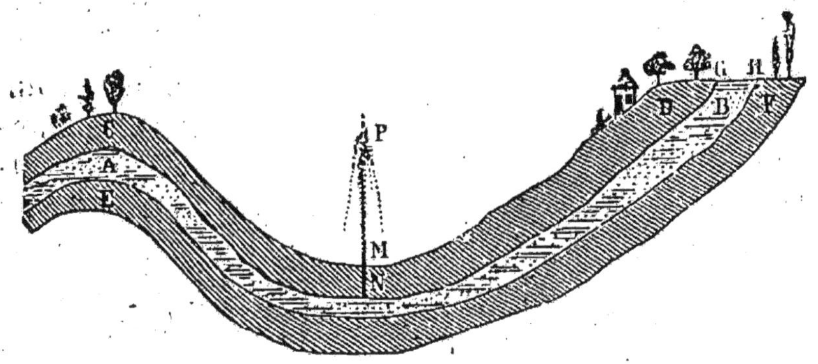

Fig. 31.
Coupe théorique d'un terrain montrant la disposition de la nappe souterraine.

de l'Égypte et de l'Algérie, les indigènes avaient appris, dès la plus haute antiquité, à *forer* des puits profonds, et faisaient ainsi jaillir au milieu des sables des colonnes ascendantes d'eau déversant autour d'elles la vie et la richesse. Actuellement, grâce aux puissants moyens de recherches que l'industrie moderne a mis entre les mains des géologues, ce n'est pas seulement à une faible profondeur, mais c'est à plusieurs centaines de mètres qu'on perce les assises d'argile, de sable ou de pierre, pour donner issue aux veines d'eau jaillissante descendues des monts ou des plateaux lointains. Un grand nombre de ces puits artésiens ont plus de 500 mètres de profondeur. »

On ne donne aux puits artésiens qu'une petite largeur : ce sont des trous cylindriques de quelques décimètres de diamètre, que l'on creuse à l'aide d'outils de diverses formes, adaptés à l'extrémité d'une tige de fer, qu'on allonge ou qu'on raccourcit à volonté. Ces puits sont munis dans toute leur longueur d'un revêtement qui empêche les éboulements des parois. Le puits artésien de Grenelle, à Paris (*fig.* 32), a une profondeur de 546 mètres ; les eaux s'élèvent, dans un tuyau, à une hauteur de 37 mètres au-dessus du

Fig. 32. — Puits artésien de Grenelle.

sol. La profondeur de ce puits est de plus de vingt-cinq fois la hauteur d'une maison de cinq étages.

Les déserts brûlants de l'Afrique, auxquels il ne manque que de l'eau pour être convertis en terres fertiles, se métamorphosent peu à peu par le forage de nombreux puits artésiens. Depuis les temps les plus reculés, les habitants du Sahara connaissent l'art de creuser des puits artésiens, et, autour de ces puits, ils ont établi des *oasis*, îlots de verdure qui s'élèvent dans les sables du désert, et où les caravanes peuvent se remettre des cruelles souffrances causées par la sécheresse du pays qu'elles ont dû traverser. Mais les Arabes ne savent creuser les puits qu'à la main, au milieu des plus terribles dangers et des plus dures fatigues.

Depuis le mois de mai 1856, sous le patronage de

la France, on a entrepris dans le Sahara de nombreux forages par des procédés plus expéditifs qu'ont imaginés les savants. En vingt années, 156 puits ont été forés, donnant ensemble plus de 180 000 mètres cubes d'eau par jour, ce qui représente le débit de plusieurs ruisseaux. « En dotant les déserts du Sahara de ces sources merveilleuses, on a fait naître l'activité et la vie dans des régions jusque-là remarquables seulement par leur aridité. En vingt années, plus de 200 000 palmiers ont été plantés, de nombreuses oasis se sont relevées de leurs ruines, et plusieurs villages nouveaux ont été créés dans le désert. »

Les sources. — Les eaux de pluie qui sont tombées sur les hauteurs forment des nappes souterraines, qui descendent le long des couches imperméables jusque dans les vallées. Là, elles trouvent souvent une issue, et s'échappent en *sources jaillissantes* (*fig.* 33).

Fig. 33. — Source jaillissante.

Vous voyez donc que ce sont les eaux de pluie qui alimentent les sources : aussi leur débit varie avec l'abondance des pluies. Après les chutes d'eau extraordinaires, toutes les fontaines grossissent et débordent. Parfois même, pendant les saisons exceptionnellement pluvieuses, il arrive que des sources jaillissent de crevasses presque toujours à sec, et forment des ruisseaux temporaires.

Cependant les sources subissent d'autant moins l'influence directe des pluies, que les ruisseaux souterrains ont voyagé plus longtemps et à de plus grandes profondeurs dans l'intérieur de la terre, et que la provision d'eau que contient la couche perméable est plus considérable. Les sources peuvent même se régulariser et fournir durant toute l'année un débit ne variant que dans de faibles proportions.

Avant de sourdre à la surface, les eaux de sources descendent quelquefois à une grande profondeur dans le sein de la terre. A cette distance de l'atmosphère, elles sont complètement à l'abri des variations de température qui se produisent de l'été à l'hiver : c'est pour cela que beaucoup de sources fournissent en été une eau aussi fraîche qu'en hiver. En été, cette eau nous paraît très fraîche, parce qu'il fait chaud à l'extérieur; en hiver, elle nous semble presque chaude, parce qu'il fait très froid au dehors.

Il y a plus : quand on s'enfonce dans un grand puits de mine, on sent qu'il fait de plus en plus chaud à mesure que l'on descend. Au fond des mines à houille, à des profondeurs de 600 à 700 mètres, la chaleur est accablante. Les eaux de source qui seraient descendues à ces profondeurs seraient donc aussi très chaudes. Les sources fraîches en tout temps sont celles qui viennent d'assez bas pour être à l'abri des chaleurs de l'été, mais qui ne sont pas descendues suffisamment bas pour être chauffées dans les profondeurs du sol.

Les eaux nommées *eaux thermales*, qui sont souvent employées en médecine, viennent précisément de grandes profondeurs, et c'est pour cela qu'elles sont chaudes. Comme toutes les eaux de source, elles ont été d'abord fournies par les pluies; ensuite, à travers une couche perméable, elles se sont enfoncées à une très grande profondeur. Sur leur trajet elles se sont échauffées, en même temps qu'elles ont rencontré des substances qu'elles ont dissoutes; puis elles sont revenues vers la surface. Elles sortent alors, souvent très chaudes, et tenant en dissolution des substances très diverses qui leur donnent une puissante action sur bien des maladies.

Les eaux thermales de Chaudes-Aigues, qui sont presque bouillantes, viennent de couches qui descendent à une profondeur de plus de 2 000 mètres.

Dépôts formés par les sources. — Les eaux de source sont généralement claires et limpides; mais elles tiennent en dissolution des substances minérales empruntées aux couches qu'elles ont traversées. Arrivées à la surface du sol, elles laissent souvent déposer une partie de ces substances et forment ainsi des roches diverses. Le calcaire, la pierre à plâtre, le sel marin, la silice, sont les plus importantes de ces roches.

Les *sources calcaires* sont les plus nombreuses : il y en a beaucoup notamment dans le département du Puy-de-Dôme. Il suffit de déposer un objet quelconque, comme un nid d'oiseau (*fig.* 34) dans l'eau d'une de ces sources pour le voir, au bout de quelques jours, se recouvrir d'une couche calcaire, qui atteint rapidement une grande épaisseur. Ces eaux calcaires sont appelées *eaux incrustantes*.

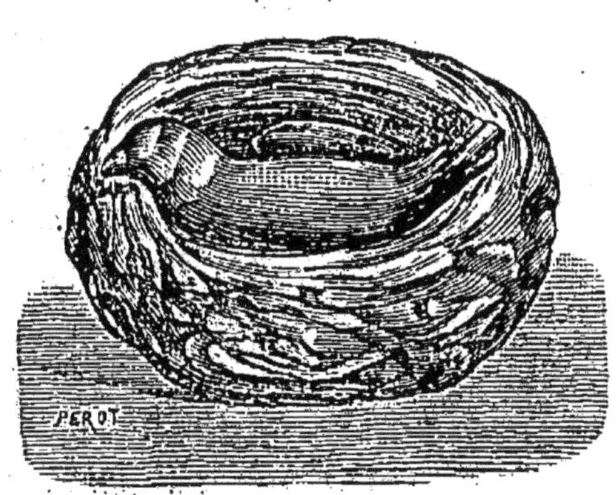

Fig. 34. — Incrustation calcaire.

Quand des eaux calcaires souterraines suintent lentement à travers la voûte d'une *grotte*, chaque goutte abandonne à la voûte une parcelle de calcaire. Et les gouttes se succédant sans interruption pendant des siècles, il se forme, à la longue, de puissantes aiguilles calcaires, qui s'allongent de plus en plus : on les nomme *stalactites* (*fig.* 35). Au-dessous de chaque *sta-*

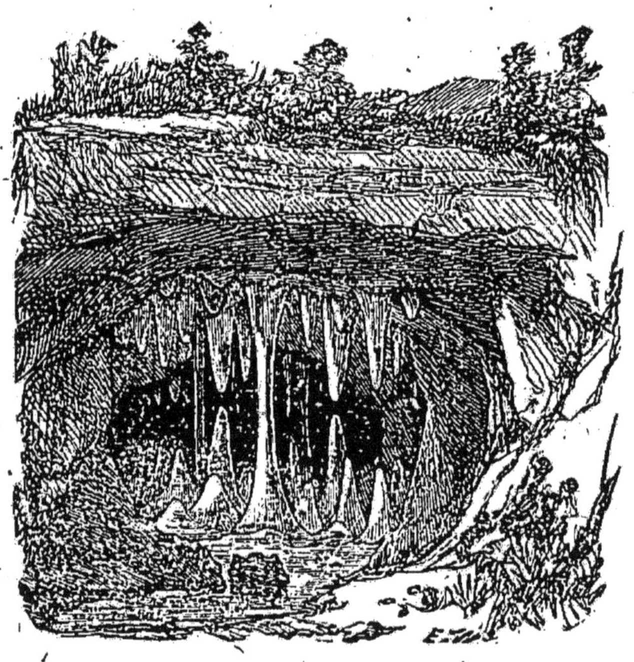

Fig. 35. — Grotte avec stalactites et stalagmites.

lactite s'élève du sol de la grotte une aiguille semblable, appelée *stalagmite*, et formée par les gouttes d'eau qui sont tombées de la pointe de la stalactite. Et les deux aiguilles, grandissant toujours, s'avancent à la rencontre l'une de l'autre, jusqu'à ce qu'elles se rejoignent enfin et constituent une colonne, qui semble soutenir la voûte.

Les sources d'eau bouillante de l'Islande, appelées *geysers*, jaillissent parfois jusqu'à 30 mètres de hauteur (*fig.* 36). Elles déposent, tout autour de leur orifice de sortie, de la *silice* qui finit par former de véritables petites collines.

« On comprend qu'en s'échappant du sein des ro-

Fig. 36. — Geyser d'Islande.

ches, avec l'eau qui les tient en dissolution, toutes ces substances doivent former des vides dans l'intérieur de la terre. Pendant le cours des siècles, des couches entières finissent par se dissoudre et sont arrachées des profondeurs pour être distribuées à la surface du sol. Si l'on pense aux milliers de fontaines minérales qui jaillissent du sol, et à l'immensité des temps durant lesquels l'eau s'en est écoulée, on pourra se faire une idée de l'importance des transformations causées par les sources. A la longue, les sources abaissent la masse entière des montagnes, et nul doute qu'après ces tassements, de violentes oscillations n'aient souvent eu lieu. »

CHAPITRE II.

TORRENTS.

Ravinements. — Effets du déboisement des montagnes. — Creusement des vallées. — Dépôts de sable et de vase.

Dans les plaines, la surface du sol est généralement formée de roches perméables : aussi les eaux de pluie pénètrent-elles presque en totalité par infiltration, et vont se mêler à la nappe souterraine. Dans les montagnes, la roche nue ne laisse pas s'infiltrer les eaux, et celles-ci descendent rapidement vers la plaine : ce sont les *eaux sauvages*.

Torrents. Ravinements. — Les eaux sauvages, en glissant sur les pentes, se chargent de débris de toutes sortes : elles entraînent le peu de terre végétale qui se trouve sur leur passage, les débris des végétaux, les poussières qui proviennent de l'altération lente des roches. Elles se rendent rapidement dans la partie la plus basse de la gorge, et là elles forment un *torrent*.

Si, en temps de sécheresse, vous remontiez l'étroite gorge qui sépare deux montagnes, vous n'y verriez qu'un mince filet d'une eau limpide, descendant rapidement la pente en murmurant. Mais quand survient la pluie, ce filet se grossit subitement de toutes les eaux sauvages : le ruisseau devient torrent; au lieu d'une eau limpide, il entraîne une masse fangeuse, au milieu de laquelle les blocs de pierre roulent en bondissant. La terre délayée, le sable et les cailloux descendent avec le liquide; les flancs de la montagne sont *ravinés*; le lit du paisible ruisseau est profondément labouré; les rochers qui le bordent sont déchaussés à leur base, puis, à la fin, s'ébranlent et sont entraînés. A travers le fracas des eaux qui mugissent, on entend le choc formidable des masses de pierres qui s'entre-choquent : on dirait que la montagne tout entière va s'écrouler.

Rien n'est plus variable que le *débit* des torrents, rien n'est plus changeant que leur aspect : aujourd'hui le lit est à sec, demain on dirait un fleuve débordé. La Durance, qui n'est qu'un immense torrent, est, le plus souvent, large de quelques mètres seulement; mais, après les grandes pluies, elle s'étend quelquefois sur une largeur de 2 kilomètres. Elle charrie par an 10 millions de mètres cubes de limon.

C'est ainsi que les eaux sauvages tendent à diminuer peu à peu les montagnes, à les sillonner profondément par leur travail d'*érosion*, de façon à entraîner dans la plaine toutes les roches qui n'ont pas une résistance suffisante.

Effets du déboisement des montagnes. — Sur les montagnes boisées, l'action destructrice des torrents n'est pas très grande. La terre végétale, retenue par les racines des arbres, n'est pas entraînée aussi facilement; les feuilles arrêtent une partie très notable des eaux de pluie et ne les abandonnent que peu à peu, de manière à faciliter leur infiltration ; les racines enfin, qui s'enfoncent directement dans les couches profondes, ouvrent un accès facile à l'écoulement du liquide; il n'est pas jusqu'aux mousses dont le sol est tapissé, qui, agissant comme des éponges, retiennent l'eau jusqu'au moment où elle s'évapore dans l'air. Pour toutes ces raisons, les eaux sauvages sont moins abondantes dans les montagnes recouvertes de forêts, et y produisent des ravinements moins profonds.

Mais si l'on vient à couper les forêts, rien n'arrête plus le ruissellement des eaux; la terre végétale, que rien ne protège ni ne retient, est rapidement entraînée; la roche dure qu'elle recouvrait est mise à nu (*fig.* 37); et la plus triste stérilité prend possession d'un sol jadis fertile.

Fig. 37. — Escarpement produit par l'action des eaux d'un torrent.

« Dans les montagnes du Dauphiné et de la Provence, les pentes, aujourd'hui si nues pour la plupart, étaient autrefois recouvertes d'arbres. Pendant le cours des siècles, ces arbres ont été coupés par des spéculateurs avides et par des cultivateurs insensés, qui voulaient ajouter quelques parcelles aux champs de la vallée et aux pâturages des sommets; mais, en détruisant la forêt, ils ont détruit le territoire lui-même.

« Les hommes ont disparu avec les arbres; la hache du bûcheron, non moins que l'épée du conquérant, a supprimé ou déplacé des populations entières. De nos jours, les vallées des Alpes méridionales deviennent de plus en plus désertes, et l'on pourrait presque évaluer approximativement l'époque à laquelle les deux départements des Hautes et des Basses-Alpes n'auront plus de villages, si les mesures de réparation ne l'emportent pas sur l'œuvre de déboisement et de dégazonnement. »

C'est aussi le déboisement des montagnes qui, en accélérant le mouvement de descente des eaux sauvages, rend les inondations de certaines rivières si fréquentes et si terribles.

Creusement des vallées. — Je vous ai dit que les gouttes d'eau qui tombent sans cesse sur la dalle d'une fontaine finissent par la creuser, quelle que soit sa dureté.

De même, le paisible ruisseau qui descend de la montagne vers la plaine creuse peu à peu le rocher sur lequel il coule; il ravine lentement le fond et les rives de son lit.

Si le débit de ses eaux n'augmentait jamais, l'action serait si lente qu'elle serait à peine visible après un grand nombre de siècles. Mais de temps en temps le ruisseau se transforme en torrent : il s'emplit d'une prodigieuse masse d'eau, qui détruit tout sur son passage; des blocs énormes sont détachés des rives et roulent avec fracas sur le fond. La gorge devient rapidement plus profonde et plus large; dans les hautes régions, elle gagne surtout en profondeur; à la base de la montagne, elle s'étend surtout en largeur; de sorte que, d'année en année, la pente du torrent devient moins rapide, et ses eaux coulent plus lentement : la gorge étroite s'est transformée en une large vallée.

Dépôts formés par les torrents. — L'action des torrents n'est pas uniquement destructrice; les débris qu'ils enlèvent à la montagne, ils les transportent et les abandonnent dans la plaine; ils démolissent d'un côté, pour édifier de l'autre. Leurs eaux charrient des rochers énormes, des pierres de grosse dimension, des cailloux plus petits, des graviers, du sable, de l'argile et du calcaire pulvérulent. Tant que la pente est abrupte, que le lit est étroit, tout cela roule avec fracas, et rien ne s'arrête : les arêtes vives s'émoussent, les angles s'arrondissent, les pierres s'usent l'une contre l'autre et se transforment en *galets*. On a prouvé expérimentalement qu'après un trajet de

25 kilomètres, parcourus avec une vitesse de 1 mètre par seconde, des fragments anguleux de granit sont transformés en galets parfaitement arrondis.

Mais vers la partie basse de la montagne, dans le voisinage de la plaine, le courant devient moins rapide; les plus gros rochers cessent de se mouvoir; ils s'arrêtent, obstruant, quelquefois presque complètement, le passage; les galets vont un peu plus loin; puis ils s'arrêtent à leur tour, formant des bancs souvent considérables. La Durance, en plusieurs endroits de son cours, a comblé la vallée de couches de cailloux roulés sur plus de deux kilomètres de largeur; et sur certains points l'épaisseur de ces dépôts dépasse 15 ou 20 mètres. La Durance et le Rhône, agissant dans leurs grandes crues comme de véritables torrents, ont jadis entraîné jusqu'à leur embouchure l'effrayante quantité de cailloux roulés qui forment le sol de la stérile plaine de la *Crau* provençale, s'étendant sur plus de 33 lieues carrées de superficie.

Si un lac de montagne se rencontre sur le parcours du torrent, il finira par disparaître, comblé par les pierres et les galets que celui-ci lui amènera.

Après avoir abandonné les galets, le torrent continue sa course, chargé de petites pierres et de graviers; il arrive dans la plaine, il s'étend sur toute la contrée, et là il dépose des *alluvions* grossières, qui couvrent les terres fertiles et les rendent à jamais improductives. Ces débris de montagnes s'accumulent à droite et à gauche, de manière à former de véritables collines aux versants réguliers, s'appuyant sur les escarpements de la montagne.

Dépôts de sable et de vase. — Enfin, les fines poussières, débris pulvérulents de silice, de calcaire et d'argile, continuent seuls leur route. Il n'est pas besoin d'un courant bien fort pour les entraîner: aussi ne se déposent-elles, pour constituer le sable et la vase, que lorsque le torrent, ayant définitivement quitté la montagne, a pris les allures calmes et régulières d'un ruisseau ou d'une rivière.

Mais, ne l'oublions pas, ces dépôts si divers se forment avec une irrégularité tout à fait capricieuse. En temps de sécheresse, alors que le torrent est presque à sec, il ne fait aucun transport. Mais qu'une forte averse arrive, ou que le soleil du printemps détermine une fonte rapide des neiges : alors le torrent s'enfle et mugit; il détache de la montagne les rochers les plus solides, il les brise, les émiette, les pulvérise; il transporte en quelques jours des milliers et des milliers de mètres cubes de débris, et les distribue tout le long de son cours.

En somme, les torrents, comme les eaux souterraines, travaillent incessamment à niveler les montagnes et à élever les plaines.

CHAPITRE III.

EAU DES MERS, DES LACS, DES RIVIÈRES.

Les lacs. — Bien souvent le torrent verse ses eaux dans une plaine basse d'où elles ne peuvent s'échapper; elles s'y accumulent, pour former un *lac*.

L'eau monte dans le bassin jusqu'à ce que le trop-plein trouve à se déverser par-dessus l'échancrure la plus basse du pourtour : c'est par là que le torrent, devenu rivière, continuera sa course. Souvent de nombreux lacs se trouvent à la suite les uns des autres, à des niveaux différents : les eaux du premier tombent dans le second, les eaux du second tombent dans le troisième, et ainsi de suite, jusqu'à ce que le terrain ait une pente régulière et conduise toutes ces eaux à la mer. Regardez une carte de l'Amérique du Nord, et vous verrez cette longue suite de lacs immenses qui vont du lac Supérieur au lac Ontario.

D'autres fois, les eaux ne trouvent aucune échancrure par laquelle elles puissent s'écouler : alors le niveau s'élève jusqu'à ce que la nappe, graduellement élargie, offre une assez grande surface pour que l'évaporation fasse équilibre à l'apport des eaux.

Le torrent, en arrivant au lac, n'a pas encore abandonné toutes les *alluvions* détachées de son lit dans son cours supérieur : il va donc y continuer son œuvre de transport. Au point où la force du courant vient s'éteindre contre la masse d'eau dormante, les derniers débris des roches de la montagne s'arrêtent et se déposent (*fig*. 38). Et ce limon diminue peu à peu

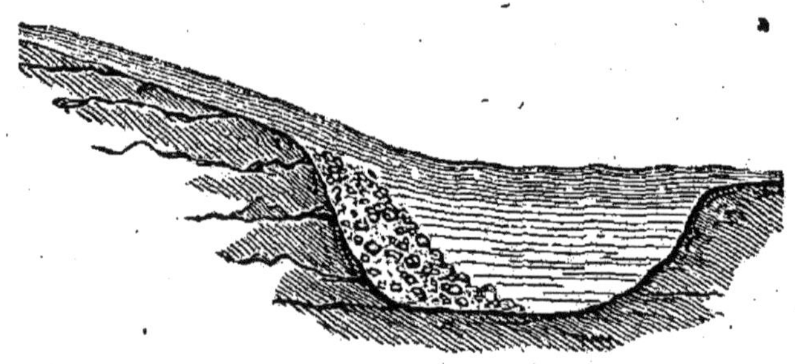

Fig. 38. — Dépôt formé par un torrent à son entrée dans un lac.

la profondeur du lac, surtout à l'embouchure du torrent. L'étendue du lac de Genève devient moins

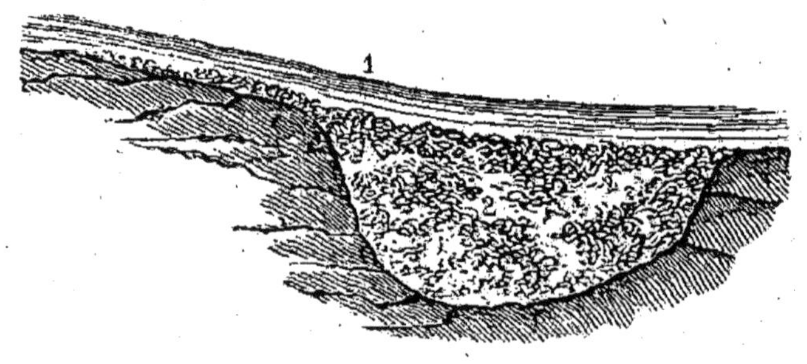

Fig. 39. — Disparition d'un lac.
1. Rivière. — 2. Dépôt ayant comblé l'ancien.

grande de siècle en siècle par suite des apports de terres que lui fait le Rhône, qui descend comme un torrent des hauteurs du Saint-Gothard. Port-Valais, qui était, il y a 1 500 ans, une petite ville située près de l'eau, à l'embouchure du fleuve, en est maintenant distant de 2 kilomètres et demi. Dans un grand nombre de siècles, le lac de Genève n'existera plus plus, et le Rhône traversera paisiblement une plaine immense d'*alluvions* qu'il aura lui-même déposées (*fig.* 39).

Les rivières. — En traversant les lacs qui sont au pied des montagnes, les torrents calment leurs eaux : ils ressortent en *rivières* moins fougueuses, et vont se réunir à d'autres cours d'eau, pour descendre paisiblement vers la mer.

Mais les torrents ne sont pas seuls à alimenter les rivières et les fleuves. En temps de sécheresse, les nombreuses *sources* qui jaillissent dans le *bassin* d'un fleuve forment, en réunissant leurs eaux, de petits ruisseaux, puis de petites rivières, puis des fleuves puissants. Les eaux qui proviennent de la fonte des neiges et des glaces des montagnes se joignent à celles des sources, pour augmenter un peu la masse liquide qui se dirige vers l'Océan.

Quand arrivent les pluies, chaque affluent du fleuve et le fleuve même se trouvent grossis par les torrents en furie, par les eaux sauvages, qui ruissellent sur toutes les collines et descendent jusqu'au bas de la vallée, entraînant tous les débris organiques et minéraux qu'ils ont pu arracher au sol.

En temps de sécheresse, la rivière coule paisible et limpide : rien ne trouble la transparence de ses eaux; son débit est faible. En temps de pluie, les eaux se gonflent; elles roulent impétueusement comme celles d'un torrent; elles sont chargées de tous les débris qu'elles ont enlevés aux rives, ou qu'elles ont reçus de leurs affluents.

Dépôts formés par les rivières. — Considérons d'abord la rivière en temps de basses eaux : elle coule limpide, alimentée presque uniquement par des sources, et ne dépose pas d'alluvions. Elle se contente de frotter doucement les uns contre les autres les galets, les cailloux, les grains de sable, qui tapissent le fond du lit, et qui, peu à peu entraînés, glissent lentement le long de la pente et gagnent l'Océan à la longue (*fig.* 40).

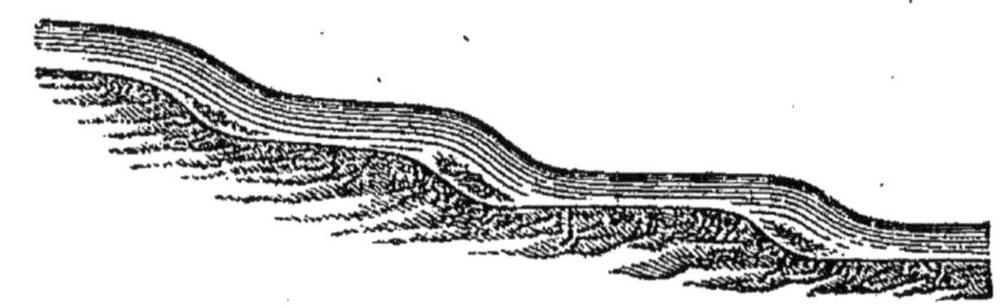

Fig. 40. — Mouvement des sables au fond des rivières.

Mais ce transport du sable n'est pas le seul que fasse alors la rivière. Quand ses eaux sont fortement chargées de substances en dissolution, elles donnent aussi naissance aux dépôts qui caractérisent les sources. Ainsi, la rivière de l'Anio, voisine de Rome, dépose constamment une pierre calcaire, qui, sous le nom de *travertin*, est exploitée pour les constructions. La formation de ce calcaire est si rapide que, lorsqu'on a enlevé la pierre sur une épaisseur de plusieurs mètres en un certain endroit du lit, l'excavation est comblée au bout de douze à quinze ans.

Lorsqu'un semblable dépôt prend naissance dans une rivière qui charrie du sable, il se produit une roche analogue au mortier, dans laquelle les grains de sable sont collés, agglutinés par un ciment calcaire. Ainsi se sont formés les *grès calcaires* dont nous avons parlé plus haut.

Mais quand les pluies arrivent, et que la rivière se gonfle, les dépôts changent de nature et deviennent plus abondants. Les eaux troublées tiennent en suspension des débris de toutes sortes amenés par les torrents, par les eaux sauvages, arrachés aux rives du cours supérieur. Quand le cours devient plus tranquille, tous ces débris se déposent et donnent naissance à ce qu'on appelle des *alluvions*. Non seulement le fond du lit, mais encore les plaines basses inondées se recouvrent d'une couche de *limon* riche en calcaire pulvérulent, en argile et en débris organiques.

Ce limon est généralement très fertile : les terrains connus sous le nom de *terrains d'alluvion*, déposés dans la suite des siècles par les eaux des rivières, comptent parmi ceux dont l'agriculture tire le meilleur parti. L'Égypte doit sa fertilité aux alluvions que lui apporte le Nil dans ses crues périodiques.

C'est ainsi que les fleuves, comme les torrents, ne cessent de détruire; mais ils détruisent pour reconstruire aussitôt; ils rongent incessamment leurs rives et les bords de leurs îles pour en employer les débris à la formation de bancs de sables, d'îles nouvelles et de plaines fertiles. Ils renouvellent sans cesse la surface des continents : ils portent les alluvions des hautes montagnes, et avec elles la fécondité, aux plaines et aux bords de l'Océan.

Estuaires, barres et deltas. — Quand le fleuve approche de la mer, il se trouve dans des conditions toutes particulières. Le cours inférieur est toujours très peu incliné, et par conséquent le courant devient très lent. Ce courant se ralentit encore à l'embouchure, là où les eaux du fleuve rencontrent la masse immense des flots marins, qu'elles sont obligées de déplacer. De plus, le *flux de la marée* fait remonter deux fois par jour les eaux salées de l'Océan dans le lit des eaux douces, et empêche alors la descente de s'effectuer.

Vous ne serez pas étonnés de voir se produire, dans ces circonstances si singulières, des phénomènes qui ne se produisent pas dans le cours supérieur.

La lutte quotidienne du flot de la marée montante avec le courant descendant du fleuve, ronge graduellement les berges et élargit considérablement le lit. Il se forme à l'embouchure un véritable golfe d'une largeur souvent considérable : regardez sur une carte les embouchures de la Seine, de la Loire, de la Gironde (*fig.* 41), de la Tamise, du Saint-Laurent, et vous serez frappés de leur ampleur. Ces embouchures élargies ont reçu le nom d'*estuaires*.

Fig. 41. — Estuaire de la Gironde.

Mais si la rivière s'élargit dans le voisinage de l'Océan, sa profondeur diminue. Le sable et les alluvions venus du cours supérieur, les débris arrachés aux berges mêmes de l'estuaire, arrivent à l'Océan. Mais les eaux, subitement ralenties par la rencontre de la masse salée, les abandonnent en grande partie à l'embouchure : de là un exhaussement graduel du fond du lit.

Le haut-fond qui se forme ainsi se nomme *barre* (*fig.* 42). La barre des fleuves apporte à la navigation les plus sérieuses entraves : les gros vaisseaux, qui ne peuvent naviguer que dans les eaux profondes, sont dans l'impossibilité de remonter les fleuves fermés par la barre à leur embouchure.

Les cours d'eau qui se jettent dans l'Océan sont

rarement obstrués par une barre bien élevée : la marée vient, en effet, toutes les douze heures, balayer les

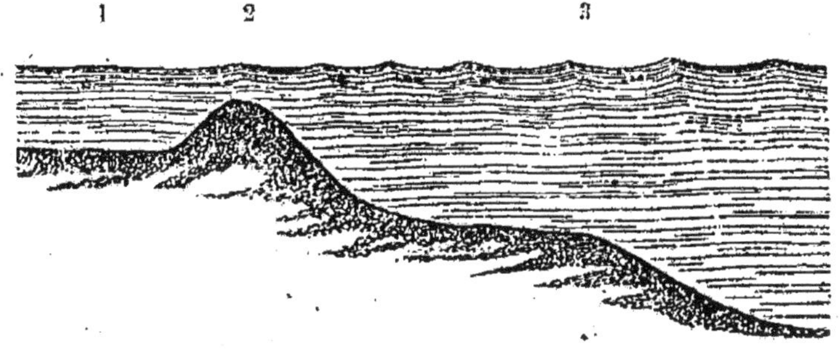

Fig. 42. — Barre d'un fleuve.
1. Fleuve. — 2. Barre. — 3. Vagues de la mer.

alluvions déposées sur le fond du lit et les entraîner vers la haute mer. Aussi les vaisseaux peuvent-ils, sans rencontrer trop d'obstacles, remonter la Gironde jusqu'à Bordeaux, la Loire jusqu'à Nantes, la Seine jusqu'à Rouen, la Tamise jusqu'à Londres.

Mais dans les mers intérieures, Méditerranée, Caspienne, Baltique, il n'y a pas de marée ; rien ne vient jamais balayer l'estuaire et enlever les débris qui l'encombrent : la barre se forme sans obstacle et grandit toujours. C'est à cause de la barre que les vaisseaux ne peuvent pas passer de la Méditerranée dans le Rhône, et qu'aucun port important n'a pu se fonder sur ce grand fleuve. A plusieurs reprises on a cherché à construire un canal maritime qui mît le Rhône en communication avec la Méditerranée sans passer par la barre : c'est dans ce but qu'a été creusé le canal Saint-Louis.

Souvent la barre s'élève si haut, qu'elle obstrue complètement le lit du fleuve, qui alors est forcé de se creuser, à travers les campagnes voisines, une nouvelle route pour remplacer la première. Et les dépôts d'alluvions s'accumulant toujours, le fleuve finit par former des plaines basses de limon, qui s'avancent dans la mer et s'accroissent constamment. Ces terrains plats et marécageux formés par les fleuves à leur embouchure s'appellent des *deltas*, du nom d'une lettre grecque Δ, qui rappelle leur forme à peu près triangulaire.

Vous le voyez : un delta, c'est un ancien estuaire graduellement comblé par les boues et les apports de toute sorte. Les *deltas*, comme les *barres*, ne se forment guère que dans les mers intérieures, où la houle, les courants et les marées ne bouleversent pas incessamment les entrées des rivières.

Les rivières qui se jettent dans l'Océan ne présentent que rarement des deltas ; il s'en forme, au contraire, à l'embouchure de presque tous les fleuves méditerranéens. Le Nil, le Rhône, le Pô, le Danube se terminent par des deltas. Le delta d'un fleuve va

Extrait de l'Atlas des Bassins de la France par Mr Vuillemin.

Fig. 43. — Carte du delta du Rhône.

toujours croissant, par suite de l'apport de nouveau limon; en amont, il se dessèche et se transforme en terres propres à la culture; de l'autre côté, il gagne sur la mer. Chaque année le Rhône ajoute à son delta (*fig.* 43) une bordure de rivage d'une cinquantaine de mètres de largeur : la ville d'Arles, qui, au quatrième siècle, était à vingt-six kilomètres de la mer, est aujourd'hui à quarante-huit kilomètres dans les terres.

On évalue à vingt millions de mètres cubes le volume du limon apporté chaque année, et déposé par le Rhône. Les divers bras par lesquels s'écoulent les eaux du fleuve entourent la Camargue, formée tout entière par ces apports successifs, sur une étendue de soixante-quatorze mille hectares.

Comme celui des plaines d'alluvions, le sol des deltas est ordinairement d'une grande fertilité.

Vous le voyez : « Les cours d'eau broient les rochers des montagnes, pour les distribuer en fécondes alluvions dans les champs riverains et former de nouvelles plaines à leurs embouchures. »

Les mers. — Les *mers* constituent le grand réservoir du monde : toutes les eaux des pluies, toutes les eaux des rivières viennent de l'Océan et y retournent. La quantité de liquide que contient cet énorme réservoir est prodigieuse : nos continents les plus vastes ne sont rien auprès de l'immensité des eaux, et la profondeur des abîmes qui se cachent sous les flots dépasse quelquefois huit kilomètres !

Cette masse liquide, constamment agitée par les marées, soulevée par les tempêtes, produit sur les côtes de puissants effets de destruction. Le choc des flots contre les rochers abrupts est quelquefois tel, que la terre tremble sous les pieds. Lentement minés par la base, ces rochers s'écroulent avec fracas (*fig.* 44), et la mer, s'emparant de leurs débris, les roule, les broie et les transforme en *galets* arrondis, en sable fin.

Quand la *falaise* est formée d'une pierre dure, comme

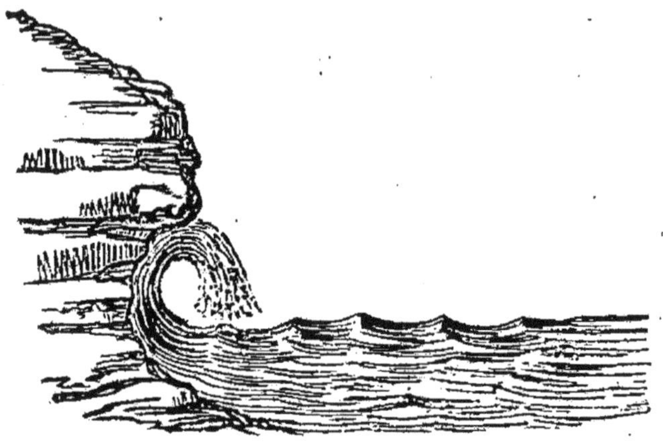

Fig. 44. — Action des vagues sur les rochers abrupts.

le granit, elle résiste longtemps : à peine peut-on, après de longs siècles, constater les progrès de l'Océan.

Fig. 45. — Falaises calcaires d'Étretat.

Mais si la falaise est formée d'une pierre tendre, de *calcaire* ou de *craie*, la mer gagne constamment sur la terre, surtout quand les rochers s'élèvent à pic, et quand la profondeur est grande à leur base. Le long des hautes falaises normandes, l'action des eaux est si rapide, que la côte recule de plusieurs mètres chaque année. En certains points, l'Océan s'est avancé de plus d'un kilomètre depuis cinq cents ans. En d'autres, à Étretat par exemple (*fig.* 45), les parties les plus résistantes de la roche sont restées intactes, tandis que les autres ont été entraînées, et il s'est formé des piliers et des cavernes d'un aspect singulier.

Dépôts formés par la mer. — Pendant que les flots renversent les rochers abrupts, ils rejettent leurs débris sur les plages basses les plus voisines. Ils forment ainsi ces immenses *bancs de galets*, ces *plages sablonneuses*, ces *dunes*, qui s'accroissent constamment aux dépens des eaux et font reculer la mer devant eux. C'est ainsi que les contours des continents changent de forme avec le temps : ici la mer s'avance, là elle recule; tel monument, bâti il y a quelques siècles à deux kilomètres du rivage, est aujourd'hui enseveli dans les flots ; tel autre dont les murs étaient anciennement baignés par la vague se trouve maintenant au milieu des terres. Sur un point, des golfes se creusent, des promontoires disparaissent, des îles se séparent de la terre ferme par suite du progrès des eaux, tandis que, sur un autre point, les golfes disparaissent, et les îles se soudent au continent.

Les alluvions apportées par les rivières sont aussi en partie rejetées sur les côtes et contribuent à leur accroissement. Souvent aussi les matières en dissolution se déposent. « A l'île française de la Guadeloupe, le dépôt calcaire accumulé par la mer exhausse continuellement la plage et change le contour des rivages. La pierre formée est activement exploitée pour les constructions; mais les vides pratiqués sont bientôt comblés, et la carrière se refait, pour ainsi dire, à mesure, sous le pic des travailleurs. »

Enfin, le limon et la vase amenés en si grande abondance par les fleuves vont en majeure partie se déposer dans les eaux profondes, et par leurs dimensions ces dépôts sont les plus importants de tous ceux qui se forment sur notre planète. Les plaines basses, les deltas, les côtes ne retiennent qu'une faible partie des débris arrachés aux continents par le travail des eaux; tout le reste se jette dans l'Océan et gagne peu à peu le fond.

Les montagnes se désagrègent lentement, pour combler de leurs débris les abîmes immenses de la mer.

CHAPITRE IV.

GLACES DU PÔLE. — GLACIERS.

Les rivières gelées et les débâcles. — Il arrive souvent qu'en hiver les rivières de notre pays se recouvrent d'une épaisse couche de glace; cette congélation contribue aussi pour sa part aux travaux de transport effectués par les eaux.

Quand le dégel arrive, tous les glaçons se brisent et se séparent les uns des autres; ils sont entraînés par le courant, et produisent leur action. Ils bousculent tout ce qu'ils rencontrent : cela s'appelle la *débâcle*.

Devenu torrent par suite de la fonte des neiges, le fleuve précipite sa course; les glaçons, arrêtés par les obstacles, s'amoncellent et renversent tout sur leur passage. Les ponts sont emportés, les chaussées détruites, les plaines submergées. Doublement ravinées par les eaux grossies et par les glaces, les berges s'écroulent : il arrive quelquefois que le fleuve, arrêté par l'amoncellement des glaçons, se creuse un nouveau lit dans la plaine voisine, et entraîne en quelques heures des millions de mètres cubes de terrain.

Les glaces du pôle. — A mesure qu'on s'approche davantage des pôles, il fait de plus en plus froid. Les rivières de la Sibérie sont gelées pendant la plus grande partie de l'année, et leurs débâcles produisent d'effroyables bouleversements.

Plus au nord encore, sur les côtes du Groënland, du Labrador et du Spitzberg, il n'y a plus de rivières; mais la terre est entièrement couverte d'immenses couches de neiges, qui se transforment peu à peu en glace. Ces amas de glaçons forment ce qu'on nomme les *banquises*. Les banquises ont parfois une superficie de plusieurs centaines de milliers de kilomètres carrés, ou même constituent de véritables continents.

Par l'effet de leur poids immense, les banquises glissent lentement le long des côtes inclinées, entraînant avec elles des rochers et des débris de toutes sortes arrachés au sol. Quand la pointe de la banquise s'est assez avancée sur la mer, il s'en détache de véritables montagnes, qui, comme des îles flottantes, sont entraînées par les courants marins.

Les glaces flottantes. — Les fragments de banquise qui constituent les *glaces flottantes* du pôle (*fig.* 46) ont parfois des dimensions colossales. On en a rencontré qui n'avaient pas moins de cent à cent cinquante kilomètres dans tous les sens, et qui devaient peser jusqu'à dix-huit milliards de tonnes. Ils s'élevaient quelquefois, comme d'immenses tours, à cent vingt mètres au-dessus de la surface des eaux.

Et toutes ces glaces flottent doucement, entraînées par les courants marins vers nos régions tempérées. A mesure qu'elles s'éloignent du pôle, elles fondent : quelques-unes à peine arrivent jusqu'au nord de l'Écosse, où elles déposent sur les côtes les débris arrachés aux rivages du Spitzberg et du Groënland.

Fig. 46. — Glaces flottantes.

Dans leur lente progression vers le sud, à travers l'Océan, ces glaces, diminuées de plus en plus par la fusion, sont encore assez considérables pour faire courir de sérieux dangers aux navigateurs. Les matelots qui vont pêcher la morue au large de Terre-Neuve les rencontrent sur leur route et ne sont pas toujours assez heureux pour en éviter le formidable choc. Les brouillards intenses qui règnent constamment dans ces régions augmentent encore le danger.

Les neiges éternelles. — Il fait très froid sur le sommet des hautes montagnes, si bien que, sur beaucoup de cimes élevées, il neige même au plus fort de l'été. Les neiges qui couronnent en tout temps les sommets des montagnes sont appelées les *neiges éternelles*.

La pluie est aussi inconnue en haut des Alpes et des Pyrénées que dans les froides régions qui avoisinent les pôles : là-haut, toute pluie est de la neige, et l'amoncellement deviendrait chaque jour plus considérable, s'il ne se produisait une descente progressive, que nous allons faire comprendre.

Songez donc qu'en certains endroits des Alpes on a vu tomber une épaisseur de dix-sept mètres de neige dans l'espace de six mois ! Fondue, cette neige aurait donné une épaisseur d'eau d'un mètre cinquante centimètres, deux fois et demie la quantité d'eau qui tombe sur le sol de Paris en un an.

Avalanches. — Une partie de cette neige roule sur les flancs de la montagne, pour venir fondre dans la vallée ; mais cela ne se fait pas toujours lentement. Souvent la masse de neige se détache tout à coup sous l'influence du vent ou d'un changement de température ; elle glisse sur les flancs de la montagne avec une rapidité vertigineuse, augmentant de grosseur à mesure qu'elle s'avance.

Tout s'écroule sur son passage ; on entend des roulements semblables à ceux du tonnerre : c'est *l'avalanche*. Malheur à ceux qui se trouvent sur son passage ! Les rochers arrachés du sol font masse avec cette énorme boule de neige. Des forêts, des villages sont écrasés ; des torrents sont arrêtés et chassés de leur lit. C'est par centaines que l'on compte les victimes de l'avalanche.

Au point de vue qui nous occupe, vous voyez que, comme les torrents, les avalanches travaillent à faire écrouler les montagnes, pour joncher la plaine de leurs débris.

Glaciers. — Au sommet de la montagne, les rayons du soleil, qu'aucun nuage n'arrête, sont très vifs. Ils traversent une atmosphère glacée, pour venir fondre lentement la neige à sa surface. L'eau de la fonte pénètre dans les couches inférieures, descend un peu, puis se congèle de nouveau, soudant ensemble les cristaux de neige.

Ainsi, à une faible distance du sommet, on ne trouve plus de la neige, mais une sorte de glace non transparente, assez semblable aux boules de neige bien pressées que font les enfants : c'est le *névé !* A mesure que l'on descend, le névé, sans cesse fondu à sa surface et sans cesse congelé, ressemble de plus en plus à de la glace; il devient transparent : on est sur le *glacier*. La glace des glaciers est donc formée par de la neige qui a subi une série de dégels et de regels successifs.

On trouve beaucoup de glaciers dans les Alpes et dans les Pyrénées.

Descente des glaciers. — Le glacier, large de plusieurs centaines de mètres, long de plusieurs kilomètres, profond de plusieurs dizaines de mètres, masse énorme placée sur un terrain en pente, descend len-

Fig. 47. — Glaciers avec moraines latérales et moraine médiane.

tement (*fig.* 47). Il coule sur les flancs de la montagne, comme le ferait une rivière, mais avec une extrême lenteur. A-t-il une gorge à traverser, il la presse de tout son poids : la pression détermine sa fusion partielle ; l'eau de fusion se regèle, après avoir traversé la gorge, et le glacier reprend au-dessous de l'obstacle la largeur qu'il avait auparavant.

Et ainsi il descend, descend toujours, mais sans s'allonger jamais : en effet, sa base, qui se trouve presque dans la plaine, là où il fait chaud, fond à mesure qu'elle s'abaisse, alimentant les rivières et les fleuves. Et pendant que l'immense masse se ronge peu à peu par le bas, elle se renouvelle à la partie supérieure par suite de la chute des neiges ; et ainsi le glacier, toujours renouvelé et toujours en mouvement, semble toujours le même et toujours immobile, comme la montagne qu'il recouvre.

Fonte des glaciers. — En été, les rayons du soleil fondent la surface du glacier. Les eaux qui résultent de cette fonte superficielle disparaissent dans les crevasses et pénètrent de fissure en fissure jusqu'à l'endroit le plus profond de la gorge emplie par le fleuve congelé. Sous chaque glacier, il y a donc un véritable ruisseau, qui descend suivant la pente et ne devient visible qu'à la base, là où la fusion est complète. De ce point part un torrent, dont le débit est d'autant plus considérable, que la chaleur est plus grande.

Le torrent qui jaillit à la base de chaque glacier représente, par son débit annuel, presque toutes les neiges tombées dans les gorges et sur les escarpements de la montagne.

Beaucoup de fleuves importants prennent leur source à la base d'un glacier : le Rhône et le Rhin sont de ce nombre.

Transport des roches par les glaciers. Moraines. — Les glaciers ont sur les montagnes une action moins importante que celle des torrents, mais ils agissent cependant, comme ceux-ci, sur les roches voisines.

A la surface des glaces tombent, sur chacune des rives du glacier, les débris qui sont détachés des escarpements par le dégel, les pluies, les vents et surtout les avalanches. Aussi voit-on les bords du glacier recouverts de blocs de toutes dimensions, qui s'alignent de chaque côté du lit de glace, et qui participent au mouvement du fleuve congelé. Ces longues files de débris constituent les *moraines latérales* (*fig.* 47).

Souvent deux glaciers, venus de deux gorges distinctes, s'unissent pour former un glacier plus important, de même que deux rivières forment une rivière plus considérable. Dans ce cas, les moraines latérales des deux glaciers se rejoignent, et l'on voit une longue moraine qui partage en deux parties le glacier inférieur et descend avec lui jusqu'à la base : c'est une *moraine médiane* (*fig.* 47).

Les blocs dont sont formées les moraines latérales et médianes sont charriés lentement de l'extrémité supérieure à l'extrémité inférieure. Ils se trouvent ainsi portés à des distances considérables de leur lieu d'origine, sans avoir subi de frottement. Tous ces débris s'entassent à la base des glaciers, pour former la *moraine frontale* (*fig.* 48). Les plus petits de ces

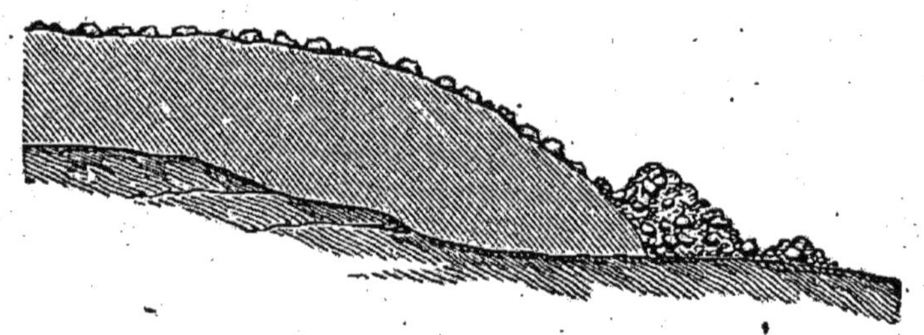

Fig. 48. — La base d'un glacier, avec sa moraine frontale (coupe).

blocs sont emportés par les eaux du torrent : ils seront lentement usés, brisés, pulvérisés et transportés du torrent dans le fleuve et du fleuve dans l'Océan. Les plus gros restent immobiles et ajoutent leur masse à la masse déjà énorme de la moraine, dont le formidable escarpement présente parfois des centaines de mètres de hauteur.

Polissage et stries. — Un glacier exerce, en outre, une action toute spéciale sur les rochers qui l'encaissent. Il passe dessus comme un rabot : le frottement incessant des glaces et des graviers qu'elles renferment les use, les polit, en arrache les fragments les plus saillants. Les flancs de la montagne, le fond du ravin, sont labourés par les aspérités des blocs qui constituent les moraines : de telle sorte que le lit du glacier, tout aussi bien que les gros cailloux qui descendent avec le glacier sont rayés de *stries* parallèles entre elles et polis (*fig.* 49).

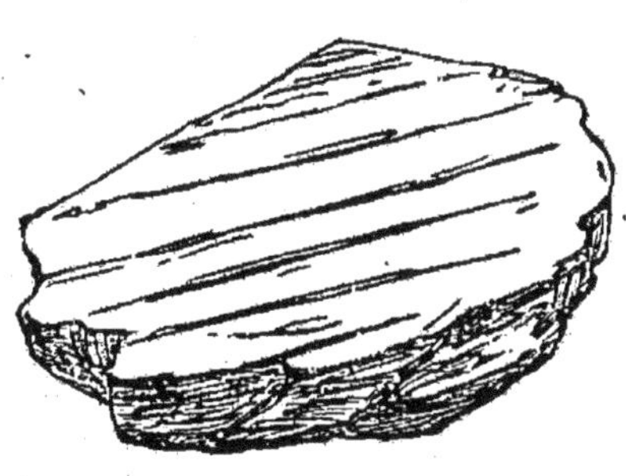

Fig. 49. — Roche polie et striée par l'action d'un glacier.

La présence de ces rochers polis et striés suffit pour indiquer l'existence d'anciens glaciers dans des localités d'où ils ont aujourd'hui disparu par suite du changement de climat.

Résumé général de l'action de l'eau. — Vous voyez que, en somme, l'eau est l'agent le plus énergique des changements qui se sont autrefois produits, et qui se produisent encore sous nos yeux à la surface de la terre.

Tombant sur le sol à l'état de pluie ou de neige, l'eau descend le long des pentes ou pénètre dans les couches profondes. Après une course plus ou moins longue, elle revient à l'Océan, d'où elle était partie en vapeur. Pendant ce trajet, elle mine lentement ou dissout les roches des hautes régions, les entraîne dans son mouvement et les dépose en couches généralement horizontales dans les plaines basses du continent et dans les profondeurs de la mer.

Si rien ne venait compenser l'action de l'eau, après un nombre suffisant de siècles elle finirait par faire disparaître dans les abîmes de la mer, tous les débris des continents : il n'y aurait plus de terres émergées.

QUATRIÈME PARTIE.

TERRAINS.

CHAPITRE Ier.

TERRAINS DE SÉDIMENT. — FOSSILES.

Caractères des terrains actuellement formés par les eaux.— Les différents terrains que l'action des eaux forme actuellement sous nos yeux, quelle que soit la roche qui les constitue, présentent un certain nombre de caractères communs.

1° D'abord ils sont tous disposés en couches sensiblement parallèles, superposées les unes aux autres : on dit qu'ils sont *stratifiés* (*fig.* 50). Sur les vallées qui bordent les rivières, sur les rivages de la mer, au fond des fleuves, des lacs et de l'Océan, les eaux déposent incessamment des couches horizontales de sable, de cailloux roulés, d'argile et de calcaire pulvérulent.

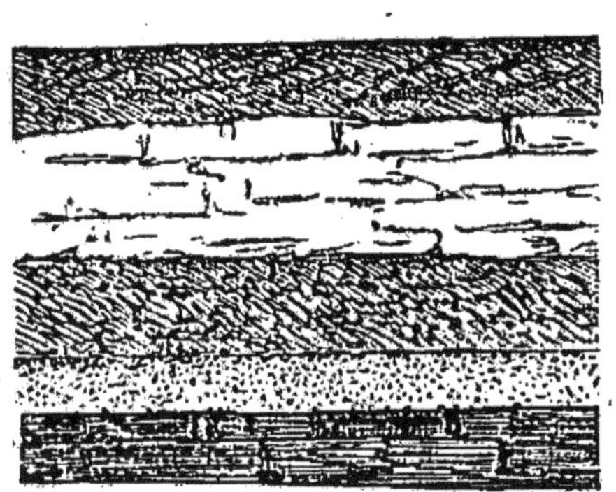

Fig. 50. — Terrain stratifié.
1. Terre végétale. — 2. Craie. — 3. Argile. — 4. Sable. — 5. Houille.

2° Ces couches renferment des débris d'animaux et de végétaux, dont les parties solides les plus incorruptibles se conservent pendant longtemps.

C'est d'une manière tout à fait exceptionnelle que les débris organiques peuvent se conserver dans le sol. A peine morts, les animaux et les végétaux se décomposent, par suite de l'action de l'air et de l'humidité, ou bien ils sont attaqués par les êtres qui se nourrissent de leurs débris, et ils disparaissent bientôt complètement. Les plus gros troncs d'arbres, les os les plus résistants des animaux supérieurs, se détruisent à la longue, se transforment, et leur substance sert à former de nouvelles plantes et de nouveaux animaux. « La mort nourrit incessamment la vie. »

Mais lorsque les débris sont pris par les eaux avant leur décomposition, ou recouverts soudain d'une couche *incrustante* de calcaire, ou bien encore ensevelis au sein d'un dépôt de sable ou d'argile, ils sont préservés de la dent des bêtes et de l'action des éléments, et ils deviennent aussi incorruptibles que la pierre.

Nous ne serons donc pas étonnés de rencontrer, dans la vase des lacs et dans les alluvions des vallées, des traces nombreuses des animaux et des plantes qui ont été entraînés et déposés par les eaux sauvages. Au fond des mers, les débris des êtres marins sont plus nombreux encore : car ceux-ci sont le plus souvent ensevelis immédiatement après leur mort, ou même de leur vivant, dans les sables ou les vases qu'apportent les flots.

Caractères des terrains de sédiment. — Regardez maintenant autour de vous. Examinez les bords de cette profonde tranchée que traverse la grande route ou le chemin de fer, entrez dans cette carrière de pierres, descendez dans ce puits de mine qui s'enfonce verticalement dans la terre, considérez ces escarpements abrupts qui ont été formés par l'action des eaux : partout vous verrez des couches parallèles superposées les unes aux autres comme celles que les eaux forment encore de nos jours. Partout, sous les couches d'alluvion superficielles, on trouve d'autres couches qui descendent, d'assises en assises, jusque dans les profondeurs de la terre.

Au sein de ces couches, comme au sein des alluvions fluviales, on trouve des débris d'animaux et de végétaux : des dents, des os, des écailles d'animaux, des feuilles, des tiges, des fruits, des racines d'arbres.

L'écorce solide de la terre est donc formée, en grande partie, de terrains analogues à ceux qui sont actuellement formés par les eaux, de terrains qui sont composés des mêmes roches que ceux-ci, qui, comme ceux-ci, se présentent en couches parallèles, et qui, comme ceux-ci encore, renferment de nombreux débris de bêtes et de plantes.

Ces *terrains stratifiés* qu'on rencontre au-dessous de la terre végétale, au-dessous des *alluvions modernes*, sont appelés *terrains de sédiment*.

Origine des terrains de sédiment. — Quand on voit la similitude absolue qui existe entre les terrains de sédiment et les terrains actuellement formés par les eaux, on peut affirmer que les uns et les autres ont la même origine. Certainement, les terrains de sédiment doivent leur origine à d'anciens dépôts des lacs, des rivières et de la mer. Ils s'étendent en couches horizontales aussi vastes que les bassins dans lesquels ils se sont produits.

Il vous semble impossible que les terrains de sédiment qu'on rencontre sur les plateaux élevés, au sommet des collines, à une grande hauteur au-dessus de la surface des eaux, loin de l'Océan et de toute rivière, aient pu être déposés par les eaux. Mais songez que la surface du sol n'a pas toujours été ce qu'elle est aujourd'hui. Les forces très énergiques qui résident dans la profondeur de la terre, et dont nous parlerons dans le chapitre suivant, ont changé bien souvent depuis l'origine du monde et changent encore de nos jours le relief des continents.

La France, par exemple, a été entièrement ensevelie sous les eaux de l'Océan pendant un grand nombre de siècles, et la position des couches de sédiment à la surface de notre pays nous révèle précisément comment notre sol s'est modifié pendant la suite des temps (*fig.* 51). Le sol des continents, c'est-à-dire

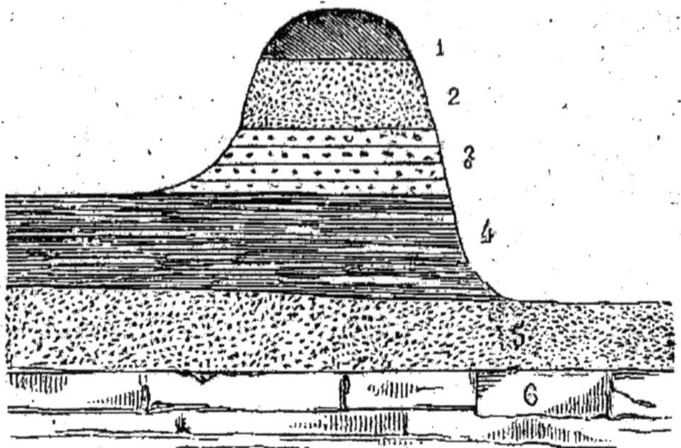

Fig. 51. — Coupe d'une colline des environs de Paris.
1. Pierre meulière. — 2. Sable. — 3. Gypse. — 4. Marne. — 5. Sable. — 6. Calcaire.

presque toute la surface aujourd'hui émergée, a jadis séjourné sous les eaux.

Dispositions des terrains de sédiment. — Les terrains de sédiment ne diffèrent des *alluvions modernes* que par un point : tandis que les couches de celles-ci sont toujours sensiblement horizontales, les assises de ceux-là sont souvent relevées, contournées, rompues, ou même dressées verticalement (*fig.* 52).

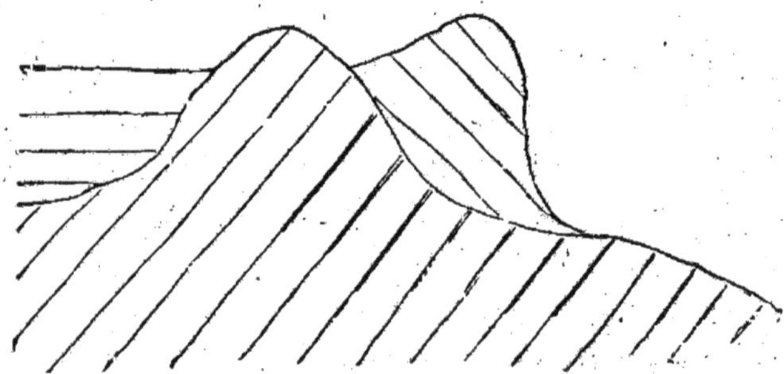

Fig. 52. — Couches stratifiées non horizontales.

Ces différences de disposition sont dues aux bouleversements qui se sont produits à la surface de la terre depuis la formation des couches. Là où ces assises n'ont pas été troublées depuis leur origine, elles s'étendent en couches parallèles et presque horizontales, comme le fond de la mer qui les déposa.

Mais souvent le *sédiment* a subi, depuis son dépôt, une dislocation due aux forces intérieures qui ont fait émerger les terres, et qui ont creusé des mers là où auparavant se dressaient des continents. De là les directions si diverses et les formes si variées que présentent les sédiments qu'on rencontre dans les pays de montagne.

Fossiles. — Dans les terrains de sédiment, comme dans les dépôts actuels des eaux, on trouve des débris animaux et végétaux. Ces débris, conservés depuis des milliers de siècles dans la roche qui les entoure, portent le nom de *fossiles*. Il est fort rare que ces fossiles soient complets : les matières les moins altérables sont le plus souvent les seules conservées; mais ces fragments suffisent presque toujours à faire connaître l'animal ou le végétal auxquels ils ont appartenu.

Les organes conservés dans les roches sont souvent profondément altérés dans leur substance; la forme seule est conservée. Ainsi, le bois est transformé en houille; il arrive même que sa substance se trouve entièrement remplacée par une substance toute différente, par du *silex*, sans que pour cela l'apparence du tronc ait été changée. Les fossiles dont la substance a été remplacée par une autre, sans changement de forme, sont dits *pétrifiés*.

Il arrive aussi fréquemment que le corps organisé disparaît en ne laissant que son *empreinte* dans la roche.

Utilité des fossiles. — Les animaux et les plantes ont considérablement varié depuis que la vie s'est développée à la surface de la terre.

Les plantes ont précédé les animaux : une végétation luxuriante, dans laquelle les plantes les plus simples, dépourvues de fleurs, comme les *fougères* et les *prêles*, a d'abord couvert la terre.

Puis les animaux, et d'abord les moins élevés, *crustacés*, *mollusques*, sont arrivés. A ces premières espèces sont ensuite venues s'en joindre d'autres ; et les plantes à fleurs, les animaux supérieurs, *poissons*, *reptiles*, *oiseaux*, *mammifères*, ont bientôt peuplé le globe.

Tous ces végétaux, tous ces animaux étaient différents de ceux qui vivent de nos jours : à mesure que certaines espèces disparaissaient, d'autres venaient prendre leur place. Ces changements, qui se sont produits d'une manière continue dans la forme des êtres, permettent aujourd'hui aux savants de reconnaître l'âge relatif des couches dans lesquelles on trouve les fossiles.

Les fossiles nous apprennent aussi les circonstances dans lesquelles se sont formées les couches qui les contiennent : une couche qui renferme des fossiles ayant vécu sur la terre ou dans les eaux douces a été évidemment formée par un lac ou par un fleuve, c'est un *dépôt d'eau douce*; une couche qui renferme des fossiles marins est un *dépôt marin.*

Énumération de quelques fossiles. — Vous ne pouvez songer à apprendre pour le moment les noms de tous les fossiles que l'on rencontre dans les terrains de sédiment. Je veux seulement vous en citer quelques-uns, pris parmi les plus importants ou les plus curieux.

1° *Plantes.* — Les plantes les plus nombreuses des premiers âges du monde étaient les *fougères.* Elles étaient bien plus grandes que nos fougères actuelles : leur taille était égale à celle de nos palmiers (*fig.* 53).

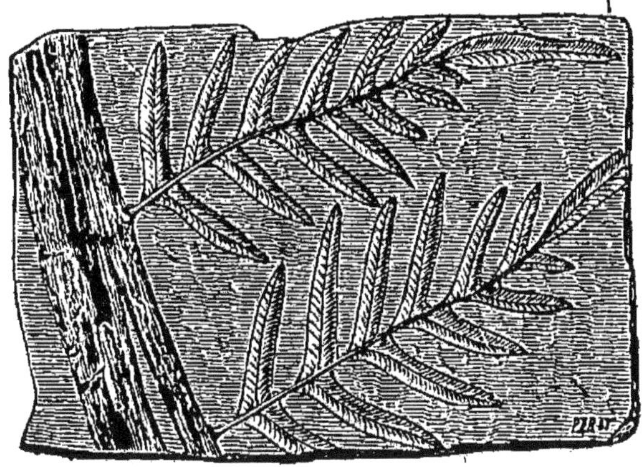

Fig. 53. — Empreinte de feuilles de fougère conservées dans la houille.

Des plantes analogues à nos *prêles* étaient de véritables arbres de plus de dix mètres de hauteur (*fig.* 54).

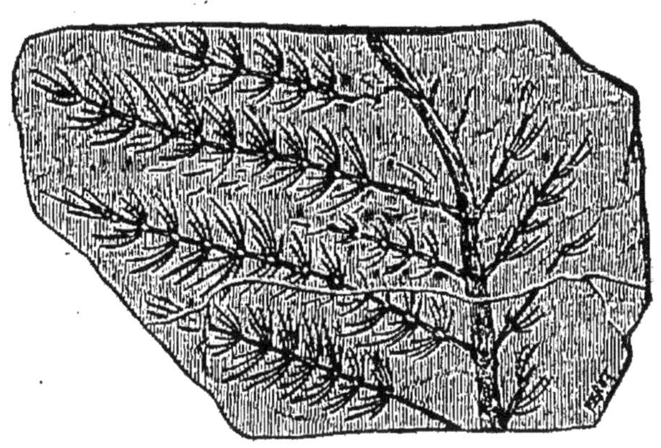

Fig. 54. — Rameau d'une plante fossile analogue à nos prêles.

Dans les couches moins profondes, on trouve aussi des fossiles qui ressemblent à nos sapins et à nos palmiers.

C'est surtout dans la *houille* que se trouvent les plus nombreux végétaux fossiles. Des empreintes de feuilles se rencontrent encore dans les bancs calcaires.

2° *Animaux.*—Les *trilobites* (*fig.* 55) sont presque les plus anciens animaux dont nous trouvions encore des restes fossiles. C'étaient des crustacés, c'est-à-dire des animaux ayant quelque analogie avec nos écrevisses.

Les *ammonites* (*fig.* 56), venues plus tard, sont des coquilles enroulées en spirale régulière. On a rencontré des ammonites fossiles grosses comme des lentilles et d'autres ayant plus de deux mètres de diamètre.

Les *bélemnites* (*fig.* 57) étaient analogues à nos *seiches* actuelles. C'étaient des animaux mous qui possédaient à l'intérieur du corps une pointe calcaire, sorte de coquille interne. C'est cette pointe seule qui est conservée à l'état fossile.

L'*ostrea* ressemblait un peu à notre huître.

Les *cérithes* (*fig.* 58) étaient des coquilles en forme de cônes très allongés.

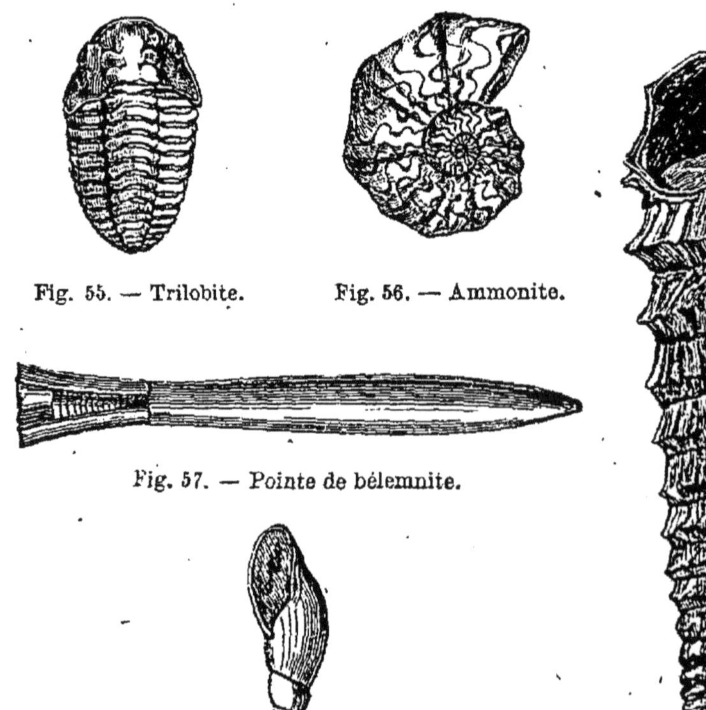

Fig. 55. — Trilobite.

Fig. 56. — Ammonite.

Fig. 57. — Pointe de bélemnite.

Fig. 58. — Cérithe.

Fig. 59. — Lymnée.

Les *lymnées* (*fig.* 59), les *planorbes* sont encore des coquilles qu'on rencontre souvent dans les terrains de sédiment.

Il ne faudrait pas conclure de cette rapide énumération qu'aux époques anciennes il n'y ait eu que des animaux à coquille. Il y en avait bien d'autres ; mais leurs corps, ne présentant pas de parties assez consistantes, n'ont pu se conserver. Les terrains anciens renferment aussi beaucoup de *squelettes* fossiles d'animaux supérieurs plus ou moins analogues à ceux qui vivent encore. Mais, comme les os se conservent moins aisément que les coquilles, que, d'un autre côté, les *animaux terrestres* se conservent bien moins souvent que les *animaux marins*, ces squelettes sont beaucoup plus rares que les coquilles précédentes.

On a trouvé cependant des empreintes de poissons, des squelettes de reptiles, d'oiseaux, de mammifères. Un reptile marin, le *plésiosaure* (*fig.* 60), avait plus

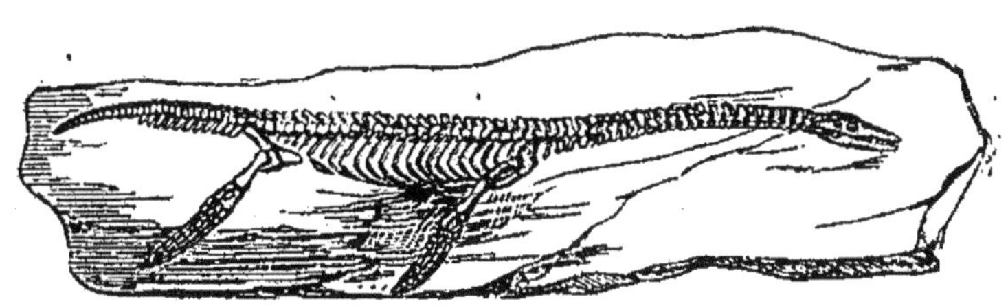

Fig. 60. — Squelette de plésiosaure.

de huit mètres de longueur ; un mammifère analogue à l'éléphant, le *mammouth* (*fig.* 61), était plus gros que nos plus gros éléphants. Un mammouth, conservé depuis des centaines de siècles au milieu des glaces de la Lena, a été trouvé entier en 1799. Il était si bien conservé que les chiens, et même les hommes, ont pu se nourrir de sa chair.

Dépôts d'eau douce. — Voyons, pour terminer, quelques exemples de roches renfermant des fossiles.

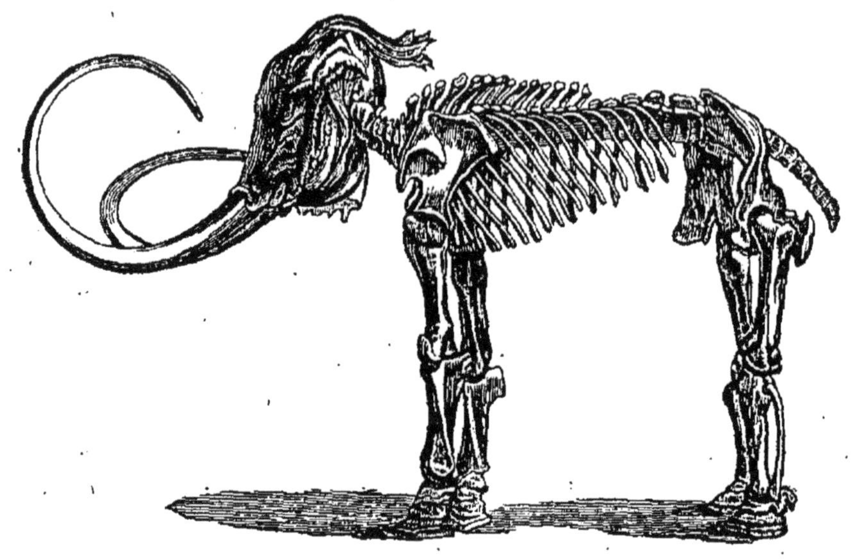

Fig. 61. — Squelette de mammouth.

Quand un terrain renferme des fossiles d'animaux et de végétaux terrestres, c'est que ce terrain a été formé loin de la mer, par un dépôt d'eau douce.

Les *calcaires d'Auvergne*, les *calcaires de l'Orléanais*, renferment des *lymnées* et des *planorbes*, qui sont des coquilles d'eau douce : ces calcaires ont donc été déposés par des eaux douces, comme le sont actuellement les *travertins* de l'Anio, dont nous avons parlé.

Dépôts marins. — Les dépôts marins sont bien plus nombreux. Je prendrai pour exemple les dépôts calcaires, qui sont si répandus partout.

Le *calcaire grossier* des environs de Paris renferme une grande quantité de *cérithes*, qui sont des coquilles marines : c'est un dépôt marin.

La *craie* ne renferme aussi que des fossiles marins, *bélemnites*, *ammonites*, *ostrea*, et aucune trace de végétaux ni d'animaux terrestres. La craie présente, de plus, une particularité bien remarquable : si on la pulvérise, et qu'on regarde sa poussière au microscope, on voit qu'elle est uniquement formée par des coquilles tellement petites qu'on ne peut les distinguer à l'œil nu ; un fragment de craie de la grosseur d'une tête d'épingle renferme plus d'un million de ces coquilles microscopiques. Ainsi, des animaux infiniment petits ont vécu anciennement dans l'Océan en assez grand nombre, pour que leurs débris accumulés et collés les uns aux autres aient pu former les immenses bancs calcaires que nous exploitons maintenant.

Et nous ne pouvons douter de ce fait étonnant : car, de nos jours encore, des animaux microscopiques forment au fond des mers des dépôts analogues à ceux-là.

Beaucoup d'autres calcaires, plus durs que la craie, sont presque entièrement formés de coquilles microscopiques agglomérées, entourant des fossiles de plus grande taille, en quantité souvent considérable.

CHAPITRE II.

TERRAINS IGNÉS. — VOLCANS.

Mouvements lents du sol. — Les changements qui se produisent à la surface de la terre ne sont pas tous dus à l'action des eaux. En un grand nombre de régions, le sol a un mouvement lent, rendu sensible seulement par une longue série d'observations : ainsi, les côtes du nord de l'Europe subissent depuis plusieurs siècles un exhaussement de plus d'un centimètre par année.

Tremblements de terre. — A ces mouvements lents viennent quelquefois s'ajouter des oscillations brusques nommées *tremblements de terre*. Ces derniers phénomènes, heureusement assez rares, bouleversent quelquefois des pays entiers (comme tout récemment l'île d'Ischia, dans le golfe de Naples, et l'île de Chio, dans l'Archipel), détruisant tous les travaux des hommes et donnant la mort à des milliers de malheureux.

L'apparition des tremblements de terre est presque toujours précédée par des bruits sourds, des roulements souterrains, qui fréquemment se font entendre longtemps à l'avance. Des trépidations plus ou moins violentes se font ensuite sentir pendant quelques secondes, ou quelques minutes seulement, et souvent se succèdent un certain nombre de fois avec plus ou moins de rapidité et plus ou moins de force.

Effets des tremblements de terre. — Les effets des tremblements de terre sont quelquefois terribles. Lorsqu'ils sont violents, ils renversent des villes entières avec les édifices les plus solidement établis.

Ainsi, en 1783, la Calabre entière fut dévastée. Le cours des rivières fut interrompu et changé; des maisons furent soulevées au-dessus du niveau du sol de la contrée, tandis que d'autres s'enfoncèrent plus ou moins. Le sol s'entr'ouvrit de toutes parts, souvent en longues crevasses, dont quelques-unes avaient jusqu'à 150 mètres de large.

De ces crevasses, les unes, ouvertes au moment de la secousse, se refermaient subitement, en broyant entre leurs parois les habitations qu'elles venaient d'engloutir; d'autres restaient béantes après la commotion. Ailleurs, des étendues plus ou moins considérables de terrain s'enfoncèrent tout à coup, entraînant plantations et habitations, et laissant des gouffres de cent mètres de profondeur.

Ce sont les tremblements de terre qui renversent et disloquent les *couches stratifiées* déposées par les eaux, et leur font perdre la position horizontale dans laquelle elles se sont formées.

Fig. 62. — Tremblement de terre.

Les mouvements lents du sol et les tremblements de terre contribuent au moins autant que l'action des eaux à changer le relief du sol : ce sont ces mouvements qui ont produit les chaînes de montagnes, et transporté au sommet des plateaux les *sédiments* qui s'étaient autrefois déposés dans les plaines (*voir page* 109).

Chaleur centrale. — On n'a jamais pénétré bien profondément dans les entrailles de la terre, mais on a de bonnes raisons de croire que, sous une couche de trente à quarante kilomètres d'épaisseur, il y a d'immenses cavités remplies de roches en fusion, à une température très élevée.

On admet que ce sont les mouvements de cet océan souterrain, plus chaud que du fer en fusion, qui causent les mouvements lents du sol et les tremblements de terre. Ce sont aussi ces mouvements qui sont la cause première des *volcans*.

Formation d'un volcan. — De l'année 1536 à l'année 1538, la contrée située entre Naples et Pouzzoles, en Italie, fut agitée par de nombreux tremblements de terre; puis, le 29 septembre 1538, on entendit tout à coup un bruit épouvantable: une ouverture se fit dans le sol, et il en sortit des gaz, de la vapeur d'eau, des pierres, des poussières incandescentes, puis une matière fondue, qui coula en grande quantité dans les campagnes voisines. Toutes ces substances vomies par l'ouverture béante étaient en telle abondance, qu'elles formèrent, en quelques semaines, une petite montagne de cent vingt mètres de hauteur.

On venait d'assister à la naissance d'un *volcan* et à la formation d'une montagne, à laquelle on donna le nom de *Monte-Nuovo* (*fig.* 63). Depuis longtemps ce

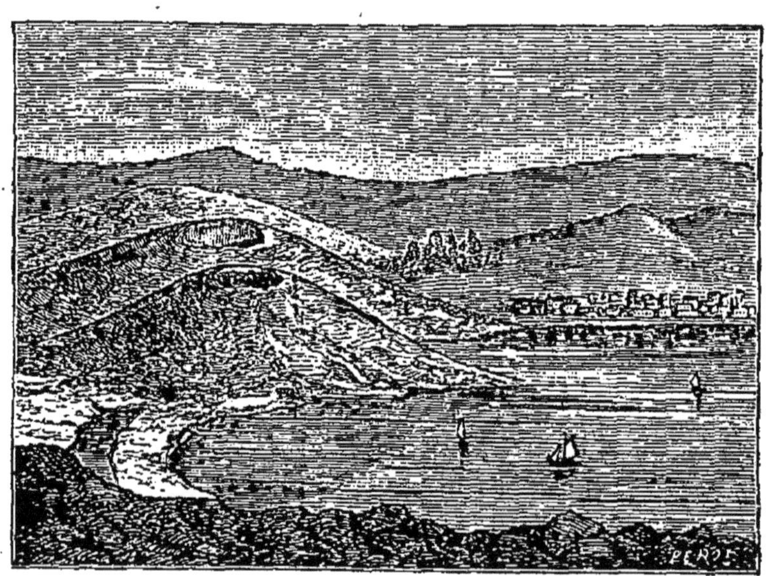

Fig. 63. — Le Monte-Nuovo.

volcan a disparu : il est *éteint;* mais son œuvre, le *Monte-Nuovo*, est toujours là.

Volcans actuels. — D'après la description précédente, vous voyez qu'un *volcan* est une ouverture plus ou moins considérable du sol, par laquelle sortent des gaz et des solides venant des régions profondes et chaudes du globe. Le canal qui fait communiquer le feu central avec l'atmosphère est la *cheminée volcanique*, l'orifice supérieur de ce canal, la bouche du volcan, se nomme le *cratère*.

Le cratère s'ouvre toujours au sommet ou sur les flancs d'une montagne plus ou moins élevée, qui, comme le *Monte-Nuovo*, est formée des matières vomies par le volcan même.

Les volcans actuellement en *activité* à la surface du globe sont fort nombreux; il y en a plusieurs centaines : vous connaissez certainement de nom les deux plus importants de l'Europe, le *Vésuve*, près de Naples, et l'*Etna*, en Sicile.

L'activité des volcans n'est pas constamment la même. Le Vésuve, par exemple, paraît quelquefois *éteint*. On peut descendre sans danger dans le *cratère*; c'est à peine si l'on remarque que le sol est chaud, et si l'on aperçoit des vapeurs peu abondantes se dégageant à travers quelques crevasses : c'est la *période de repos*.

Mais cette période ne dure pas longtemps. Presque chaque année on voit les vapeurs qui s'élèvent au-dessus de la montagne devenir plus abondantes; des poussières et même des pierres sont lancées à une certaine hauteur; et si à ce moment l'on s'aventure jusqu'au bord du cratère, on aperçoit une masse en fusion, d'un rouge vif, qui bouillonne au fond du gouffre.

Quelquefois enfin cette activité devient encore plus grande : le volcan est en *éruption*.

Éruption. — Quelque temps avant une *éruption*, on entend partir de la montagne des grondements souterrains; des tremblements de terre ébranlent le sol;

la masse fondue qui remplit le cratère s'élève de plus en plus et finit par déborder par l'ouverture, à moins qu'elle ne s'ouvre un passage à travers les flancs mêmes de la montagne.

Alors, au milieu de vapeurs embrasées, le volcan vomit d'énormes blocs de pierre, des nuées de cendres, pendant que des flots d'un liquide incandescent coulent sur les deux versants de la montagne (*fig.* 64). Un

Fig. 64. — Le Vésuve en éruption.

fracas semblable à celui de la foudre accompagne les projections de pierres, qui se succèdent presque sans interruption. On croirait assister à un grandiose feu d'artifice, tiré au milieu d'un orage épouvantable. Il ne sort pas de flammes, pourtant, par l'orifice; mais la réverbération du fleuve de feu qui s'échappe du cratère répand une clarté sinistre sur les vapeurs et la poussière projetées.

Après quelques jours, ou quelques semaines, l'éruption se calme peu à peu, et le volcan rentre, pour quelque temps, dans la période d'activité modérée ou de repos.

Déjections volcaniques. — Examinons quelles sont les substances rejetées par un volcan en éruption.

La plus importante est la *lave*, c'est-à-dire la matière fondue qui coule du cratère sur les flancs de la montagne. Elle est d'abord à une température assez élevée pour être d'un rouge vif : la *coulée* ressemble à un fleuve de feu. A mesure qu'elle descend, elle se refroidit ; mais sa masse est quelquefois si considérable qu'il faut plusieurs années avant que le refroidissement soit complet jusqu'au centre.

Dans quelques-unes de ses éruptions, l'Etna a produit des coulées de vingt kilomètres de longueur, qui, sur plus de cent kilomètres carrés, ont recouvert des espaces jadis parfaitement cultivés et semés de villes et de villages. Toute la lave évacuée par le *Skaptar*, volcan d'Islande, dans une seule éruption, en 1783, équivalait à 500 milliards de mètres cubes, le volume entier du mont Blanc.

Les laves vomies par les différents volcans sont souvent très différentes les unes des autres par leur aspect. La pierre qui les constitue le plus souvent est assez analogue au *porphyre* ; on la nomme *trachyte* : c'est une roche rude au toucher, et dans laquelle sont enchassés un grand nombre de petits cristaux. De plus, la lave est généralement poreuse, c'est-à-dire remplie de petites cavités comme celles qu'on remarque dans le pain : ces cavités ont été formées par les vapeurs qui étaient emprisonnées dans la lave au moment de son refroidissement.

Les *pierres*, grosses quelquefois comme des maisons, que le volcan lance par le cratère jusqu'à une hauteur qui peut dépasser 1 000 mètres, ressemblent beaucoup à la lave. Elles sont encore plus poreuses : la *pierre ponce* est la plus poreuse de ces déjections volcaniques.

Enfin, en même temps que des gaz suffocants et beaucoup de vapeur d'eau, il sort du cratère de la *poussière* et des *cendres* abondantes, arrachées aux parois mêmes du volcan. Ces cendres forment au-dessus de la montagne des nuages immenses, qui interceptent la lumière du soleil et retombent lentement sur les campagnes voisines, en causant de terribles désastres.

En 1834, un volcan d'Amérique, le *Cosegnina*, situé près de l'isthme de Panama, a rejeté tant de cendres, que l'obscurité a duré pendant quarante-huit heures à plus de vingt lieues à la ronde. Jusqu'à plus de quarante kilomètres, le sol a été recouvert d'une couche de poussière de cinq mètres d'épaisseur. Des cendres furent portées par le vent jusqu'à une distance de douze cents kilomètres.

En l'an 79, le Vésuve ensevelit sous une pluie de cendres les trois villes de Pompéi, de Stabies et d'Herculanum, avec un grand nombre de leurs habitants.

Cône volcanique. — Le cratère d'un volcan est toujours situé sur une montagne ; cette montagne est l'œuvre même du volcan. Toutes les matières solides qui sortent du cratère s'accumulent, en effet, autour de l'ouverture et finissent par former la montagne.

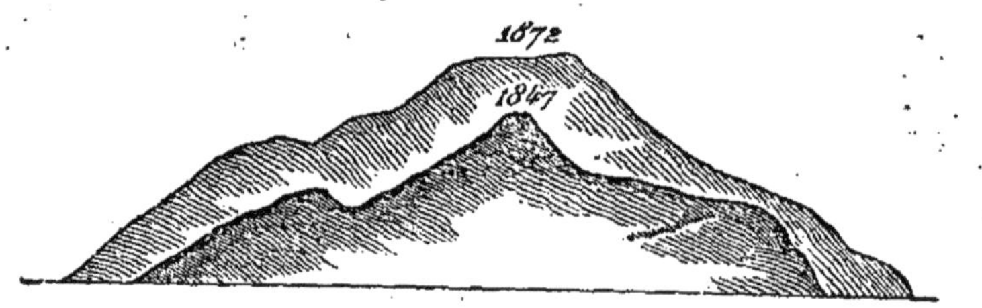

Fig. 65. — Le sommet du cône du Vésuve en 1847 et en 1872.

Aussi à chaque éruption s'élève-t-elle un peu plus (*fig.* 65), à moins que, dans ses convulsions violentes, le volcan ne pulvérise une partie de son *cône* et ne la lance dans l'espace sous la forme de cendres qui retombent au loin.

Toutes les montagnes volcaniques, au *cône volcanique*, sont formées de couches successives de *laves*, de *pierres* et de *cendres*, superposées les unes au-dessus des autres d'une manière irrégulière et discontinue.

L'Etna, qui élève sa masse énorme jusqu'à la région des neiges éternelles, est formé de laves et de cendres lancées au dehors dans les éruptions successives.

Les anciens volcans. — Je vous ai dit qu'un très grand nombre de volcans sont actuellement en activité à la surface du globe; mais ces volcans actifs ne sont pas les plus nombreux. Il y en a, par milliers, qui sont *éteints*, c'est-à-dire qui ne lancent plus ni laves, ni poussières, ni vapeurs, et auxquels il ne reste même aucune trace de leur chaleur passée.

On reconnaît qu'une montagne est un ancien volcan à tous les caractères que présentent les volcans actuels. Le sommet de la montagne est creusé plus ou moins profondément en *entonnoir*, comme un cratère (*fig.* 66); les roches qu'on extrait de ses flancs

Fig. 66. — Un volcan éteint.

sont remplies de cristaux et de cavités, ou bien elles sont formées d'une poussière analogue à la poussière volcanique.

Sur toute la surface de la terre se dressent un grand nombre de volcans éteints. Les plus anciens ont leurs cratères comblés et leurs flancs en partie recouverts par des terrains de sédiment; d'autres sont mieux conservés, et on y reconnaît le cône, le cratère et les coulées successives : les monts d'Auvergne sont de ces derniers.

Le centre de la France, l'Auvergne, le Velay, le Vivarais, une grande partie des Cévennes, le Languedoc, la Provence, présentent dans leur sous-sol des masses énormes de produits volcaniques.

Terrains volcaniques. — Les cônes volcaniques ne sont pas les seules productions des volcans. Lors des éruptions violentes, la poussière tombe au loin et recouvre le sol de couches épaisses de plusieurs mètres; les coulées de lave gagnent la plaine : ainsi se forment des terrains tout différents des *terrains de sédiment* déposés par les eaux.

Ces terrains volcaniques ne sont jamais *stratifiés*, c'est-à-dire qu'on n'y remarque jamais les *feuillets successifs* qui caractérisent les terrains déposés par les eaux. Ils sont toujours en cônes, en coulées, en nappes superposées; ces *nappes superposées* ne peuvent pas être confondues avec des *couches de sédiment*, car elles n'ont aucune régularité dans l'épaisseur.

Quelquefois les roches volcaniques traversent brusquement des couches stratifiées à travers lesquelles la matière en fusion s'était infiltrée : c'est ce qu'on appelle des *filons*.

Les roches volcaniques renferment presque toujours de petits cristaux, et *jamais de fossiles*. Vous pensez bien qu'en effet aucun animal n'a pu vivre, ni aucun débris organique se conserver dans la lave fondue d'un volcan.

Toutes les laves des anciens volcans ne sont pas faites des mêmes substances que les laves des volcans actuels; mais elles se reconnaissent toujours aux caractères que nous venons d'indiquer.

Terrains ignés. — Un grand nombre de terrains qu'on rencontre sous les *terrains stratifiés*, ou au-dessus de ces terrains (*fig.* 67), ou à l'état de *filons*

Fig. 67. — Terrain igné ayant soulevé des roches de sédiment.

traversant les couches sédimentaires, ressemblent beaucoup aux terrains volcaniques. Pas plus que les terrains volcaniques, ils ne renferment de *fossiles*; ils ne sont pas *stratifiés*, et ils renferment des cristaux plus ou moins volumineux.

Ces terrains ressemblent trop à ceux que forment actuellement les volcans, où à ceux qu'ont produits les volcans aujourd'hui éteints, pour n'avoir pas une origine analogue. Ils sont sortis du sein de la terre à l'état de fusion, à une époque très reculée, et c'est par refroidissement qu'ils ont pris leur forme actuelle. Ces terrains ont, pour cette raison, reçu le nom de *terrains ignés*.

Les terrains ignés constituent la plus grande partie de l'écorce terrestre et forment la base sur laquelle s'appuient tous les *terrains sédimentaires*. Le *granit* et le *porphyre*, dont nous avons parlé, forment les terrains ignés les plus importants; puis viennent les *basaltes* et les *trachytes*, produits par les volcans anciens ou actuels.

Vous voyez que, en somme, l'écorce terrestre est formée : 1° de *terrains ignés*, remarquables par les cristaux, l'absence de fossiles, le défaut de stratification : ils ont été produits par le refroidissement de masses autrefois à l'état de fusion ; 2° de *terrains de sédiment*, renfermant des fossiles, et stratifiés en couches parallèles : ils ont été déposés par les eaux.

CHAPITRE III.

CARRIÈRES ET MINES.

Exploitation à ciel ouvert et par galeries.

Carrières. — Nous avons passé en revue un grand nombre de roches utiles à l'homme. Nous avons vu quels services ces roches diverses nous rendent tous les jours. La pierre à bâtir, le marbre, le grès, le granit servent de matériaux de construction ; la pierre à chaux, la pierre à plâtre, l'argile, le silex, la pierre meulière le sable, ont des usages tout aussi importants.

On nomme *carrières* les amas souterrains plus ou moins épais d'où l'on extrait ces roches.

Mines. — Le sein de la terre renferme encore beaucoup d'autres roches, dont nous n'avons pas eu l'occasion de parler, et qui sont aussi pour nous d'une grande utilité. Telles sont la *houille*, le *sel gemme*, et les *roches desquelles on retire les métaux*. Ces dernières sont appelées des *minerais* : ainsi le *minerai de fer* est une roche de laquelle on peut retirer du fer; le *minerai de cuivre*, une roche de laquelle on peut retirer du cuivre.

On nomme *mines* les amas souterrains d'où l'on extrait la houille, le sel gemme et les minerais des divers métaux.

Procédés d'extraction. — Quelquefois les substances que l'on recherche se trouvent à la surface du sol, et il n'y a, pour ainsi dire, qu'à se baisser pour les prendre. C'est ce qui arrive presque toujours pour la pierre à bâtir, la pierre à chaux, la pierre à plâtre, l'argile, le sable. Dans ce cas, *l'exploitation se fait à ciel ouvert.*

Mais bien plus souvent toutes ces richesses sont ensevelies à une grande profondeur, et il faut aller les chercher. Alors *l'exploitation est souterraine:* on descend, par des *puits*, jusqu'à l'endroit où se trouve la roche, et on creuse, sous le sol, des *galeries souterraines*, d'où l'on extrait la houille et le minerai.

Les roches qu'on retire des carrières étant très répandues dans le sol, et particulièrement à sa surface, il est rare, dans ce cas, qu'on fasse les frais d'une exploitation souterraine : on se contente de les retirer des couches supérieures. Aussi, *le plus souvent*, les carrières sont exploitées à ciel ouvert.

La houille, le sel gemme et les minerais des métaux se rencontrent beaucoup moins souvent, et on les exploite partout où on les trouve. On va les chercher, quand il le faut, jusqu'à 500 mètres au-dessous du niveau du sol. L'exploitation des mines est presque toujours souterraine.

Exploitation à ciel ouvert.—Quand on retire une roche de la partie superficielle d'un terrain plat, on se contente de creuser une large tranchée, qui, par une pente douce, pénètre au sein du *massif* à exploiter. La roche, abattue au moyen de pioches, de pics, de leviers, ou même de la poudre, est chargée sur des voitures, qui remontent la pente, traînées par des chevaux.

Si le massif à exploiter est situé sur les flancs d'une colline (*fig.* 68), on se contente d'ouvrir une large

Fig. 68. — Carrière de pierre exploitée à ciel ouvert sur les flancs d'une colline.

brèche dans l'escarpement, en ménageant des gradins successifs, semblables à des escaliers, pour permettre aux ouvriers de monter aisément et de travailler sans risquer de tomber. Les pierres, à mesure qu'elles sont détachées, roulent presque d'elles-mêmes jusqu'au bas de la colline, où on les prend pour les conduire au loin.

Dans le pays que vous habitez, il y a certainement quelque carrière de pierre, d'argile ou de grès : une visite à cette carrière vous en apprendra sur ce point plus que toutes les descriptions.

Exploitation par galeries. — On exploite par galeries les couches profondes de houille ou de sel, et les *filons* de *minerais.*

Vous allez peut-être me demander comment on peut connaître l'existence des filons de minerais, puisqu'ils sont cachés dans les profondeurs de la terre. Quelquefois on les découvre par l'effet du hasard. En creusant un puits un peu profond, dans le simple but d'obtenir de l'eau, on trouve un minerai de zinc, d'étain, de fer : c'est qu'on a eu le bonheur de rencontrer un filon. On ne tarde pas à l'exploiter, et souvent à en tirer de grands profits.

Mais la science des géologues indique beaucoup plus souvent que le hasard les endroits où l'on peut rencontrer des minerais. On fait des sondages, c'est-à-dire qu'on perce des trous étroits et profonds, avec des instruments spéciaux, jusqu'à ce qu'on ait rencontré le filon dont le savant, s'appuyant sur certains indices, a supposé l'existence.

Voilà donc une mine découverte : il faut l'exploiter.

On commence par creuser sur une grande largeur un puits vertical, qui va rencontrer le filon de minerai : à mesure qu'on s'enfonce, il faut établir des maçonneries qui empêchent les terres de s'écrouler et de détruire les travaux que l'on exécute. C'est cette opération qu'on appelle le *forage d'un puits.*

On creuse ainsi pendant longtemps, en maçonnant toujours ; et l'on descend à deux cents, à trois cents mètres de profondeur ; on avance lentement, car on rencontre des difficultés sur la route : ici on est obligé de traverser des terrains sablonneux, qui s'écroulent dans le puits sans laisser le temps d'établir la maçonnerie ; là, on se heurte contre des rochers, que l'on ne peut entamer que par l'explosion de la poudre ; ailleurs, on trouve une nappe d'eau souterraine, qui inonde le puits et peut noyer les ouvriers : pour pouvoir continuer les travaux, il faut d'abord épuiser toute cette eau avec une pompe à vapeur. Mais on avance toujours, sans se laisser arrêter par les obstacles.

Il y a des puits dont le forage revient à plus de 2 000 francs le mètre, et qui ont 600 mètres de profondeur : on a ainsi dépensé plus d'un million de francs avant d'avoir rencontré le minerai.

Enfin, on est arrivé au filon. Pour détacher le minerai, il faut employer la pioche ou le pic ; souvent le roc est trop dur : on remplace alors le pic par les explosions de la poudre. Le minerai détaché est enlevé, sorti par le puits et remplacé par de la terre. Si on laissait vides toutes les cavités creusées sous la terre, la voûte s'écroulerait bientôt sur les travailleurs : il faut donc combler ces vides par des *remblais*. Si le minerai est mélangé avec beaucoup de roches inutiles, ces roches sont laissées dans la mine et forment les remblais ; sinon, on descend par le puits des terres de toutes sortes, et on les entasse dans les cavités ; on ne laisse qu'une galerie de passage, qu'on soutient de toutes parts par des maçonneries ou par de puissantes charpentes (*fig.* 69).

Fig. 69. — Galerie de mine boisée.

Les galeries d'extraction s'avancent toujours ; elles se superposent les unes aux autres ; elles se croisent en tous sens ; elles pénètrent sous les villes, sous les lacs, sous les rivières, quelquefois même elles vont au-dessous du fond de la mer.

Certaines mines dont on extraît la houille, le sel gemme, le minerai de plomb, sont de vraies villes souterraines : les mineurs y ont de véritables habitations, dans lesquelles ils passent souvent la nuit. Il leur arrive même de rester plusieurs jours sans remonter au niveau du sol, sans voir la lumière du soleil. Des chevaux, des chemins de fer circulent dans les galeries, et conduisent le minerai au bas du puits. D'immenses cages le prennent alors, et, soulevées par des machines à vapeur, le montent au niveau du sol.

Abatage des roches. — Les instruments employés par les *carriers* et les *mineurs* pour l'abatage des roches dépendent de la dureté de celles-ci. Le sable s'extrait à la pioche et à la pelle; l'argile, la houille, la craie, le calcaire grossier, qui sont un peu plus durs, sont attaqués par des *pics*, des *coins*, des *masses* : on fend ces roches à peu près comme on fend le bois; puis, les morceaux une fois fendus, on les déplace à l'aide de grands *leviers de fer*.

Enfin, quand la dureté devient plus grande, quand il s'agit du marbre, du grès, et surtout du granit, il

Fig. 70. — Explosion de poudre dans une carrière.

faut aux outils précédents joindre le secours de la poudre.

Voici comment on s'y prend pour faire partir un *coup de mine*. A l'aide d'une tige de fer appelée *fleuret*, le mineur pratique dans la roche un trou cylindrique étroit, ayant 5 centimètres de largeur et 1 mètre de profondeur. Ce trou terminé, l'ouvrier y introduit une *cartouche* renfermant de 50 grammes à 1 kilogramme de poudre. Quand la cartouche a été *bourrée* et munie de sa mèche, le mineur allume et se retire à la hâte. Il entend bientôt une détonation formidable, en même temps qu'il voit une fumée épaisse s'élever dans l'atmosphère. La dilatation des gaz échappés de la poudre a disjoint la roche, a élargi les fissures, a détaché des blocs énormes : le pic n'aura plus qu'à les débiter (*fig.* 70).

Souvent aujourd'hui, dans ces sortes de travaux, on remplace la poudre par une substance détonante, la *dynamite*, qui produit des effets encore plus puissants.

Les dangers des mines. — Les dangers sont continuels dans l'exploitation des mines.

Voyons d'abord ceux qui résultent des explosions de poudre et de dynamite. Quelquefois la mèche qui doit communiquer le feu à la poudre est trop lente à brûler; les ouvriers, qui s'étaient retirés au loin, la croient éteinte : ils reviennent ; et alors la poudre détone au moment où ils arrivent : les éclats lancés dans l'espace viennent porter la mort parmi les mineurs.

Que de fois les explosions de poudre ont causé de terribles incendies dans les houillères ! Que de fois aussi ces incendies ont pris naissance spontanément, par la décomposition du charbon ! Alors le feu se propage avec une terrifiante intensité, et les efforts les plus grands ne parviennent pas à l'éteindre. Il est des mines qui brûlent sous terre depuis des siècles. C'est ainsi que les houillères de Decazeville, dans l'Aveyron, et celles de Commentry, dans l'Allier, sont enflammées depuis un temps immémorial.

La poudre cause aussi quelquefois de terribles éboulements. D'autres fois, la maçonnerie ou les charpentes s'affaissent sous le poids des terrains, et le mineur se trouve écrasé sous les décombres, ou enfermé dans une galerie d'où il ne peut plus sortir.

Que de drames aussi, causés par les inondations souterraines! Que de désastres dus à l'élément liquide, qui, brisant ses digues, envahit les galeries des mines! L'eau se précipite avec une indicible violence, et, avant même que les hommes aient pu s'enfuir, leurs cadavres sont charriés par ce torrent impétueux.

Mais les plus grands dangers viennent encore du terrible *feu grisou*, l'effroi des mineurs. Dans les mines de *charbon de terre*, il se dégage souvent, par des fissures, un gaz inflammable comme le gaz d'éclairage. Comme ce gaz, il brûle lentement quand on l'enflamme à la sortie d'un tuyau; mais s'il est mélangé avec l'air, il détone avec une grande violence. Eh bien, ce mélange se fait souvent dans les mines, et des galeries entières en sont remplies. Les ouvriers

Fig. 71. — Explosion de grisou.

ne se doutent de rien, car ce gaz n'a aucune odeur; mais qu'une allumette soit imprudemment enflammée, on entend aussitôt une détonation formidable; les hommes sont lancés dans l'espace, broyés, carbonisés, sans qu'aucune chance de salut puisse se présenter à eux. En une seconde, cent, deux cents, quatre cents ouvriers sont engloutis sous les débris entassés par l'explosion (*fig.* 71).

On prend toutes les précautions possibles pour éviter les explosions du feu grisou. Des machines à ventilation renouvellent constamment l'air des mines et le remplacent par l'air pur venant du dehors. Les ouvriers respirent plus à l'aise dans cette atmosphère toujours purifiée; mais cela ne suffit pas à empêcher les explosions, car le grisou se dégage quelquefois si rapidement, que les machines à ventilation sont impuissantes à l'entraîner.

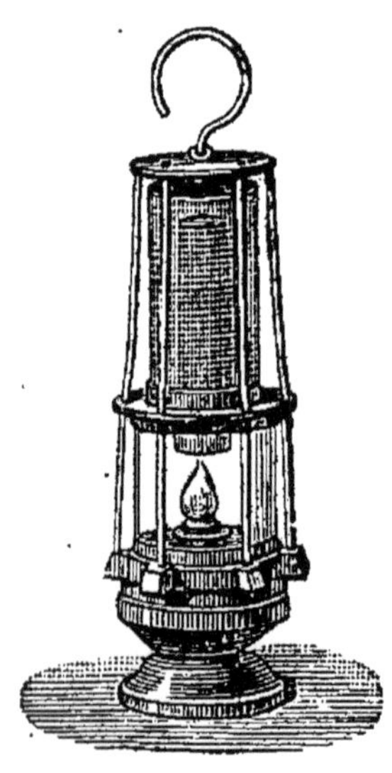

Fig. 72. — Lampe de Davy.

Et chaque lampe de mineur (car dans ces galeries souterraines on ne travaille qu'à la lueur des lampes) est un danger permanent. Un grand savant anglais, Davy, a imaginé, il y a 65 ans, une lampe (*fig.* 72) qui éclaire les mineurs sans pouvoir enflammer les gaz. La flamme est entourée d'une cheminée en toile métallique, qui laisse passer, à travers ses mailles, l'air nécessaire à la combustion. Quand le grisou se répand dans la mine, il détone à l'intérieur des lampes; mais le feu ne peut pas se propager dans la galerie : la petite explosion qui se produit dans la lampe l'éteint, et les ouvriers, avertis de la présence du terrible gaz, sortent à tâtons et ne rentrent que lorsqu'on a pu ventiler.

Mais les mineurs sont négligents, et souvent, pour

y voir plus clair, ils enlèvent la cheminée de la lampe. Fatale imprudence qui peut coûter la vie à des centaines de malheureux! Chaque année, en Angleterre, en Belgique, en France, les mines de houille deviennent le tombeau d'un grand nombre de victimes.

CHAPITRE IV.

EXPLOITATION DES ROCHES LES PLUS UTILES.

Carrières de pierres calcaires, de marbre, de plâtre, d'ardoises. — Mines de houille ; origine végétale de la houille. — Graphite; crayons. — Diamant. — Mines de sel gemme et sources salées. — Mines d'or, d'argent, de plomb, de cuivre, de fer [1].

Carrières de pierres calcaires. — Les pierres calcaires communes qui sont employées dans les constructions et dans la fabrication de la chaux, se retirent le plus souvent de carrières exploitées à ciel ouvert. Il n'y a guère de pays qui ne présentent, à fleur de terre, des amas considérables de calcaire : les principales villes de France, Paris, Marseille, Bordeaux, Nancy, Tours, et beaucoup d'autres, sont construites avec les pierres extraites de leur propre sol.

Quelquefois cependant on va chercher les pierres à bâtir à une certaine profondeur, et on les exploite par galeries. C'est ce que l'on fait dans les environs de Paris. Dans ce cas, la pierre est généralement tirée hors du puits au moyen d'une forte corde, qui s'enroule sur un treuil semblable à ceux qui servent à

1. Des échantillons de minerais doivent être mis à la disposition du professeur. Il a été publié par l'administration une nomenclature des échantillons en nature à l'usage du cours de la Classe de Septième (*voir* page 155).

tirer l'eau des puits ordinaires (*fig.* 73). Ce treuil est mis en mouvement par le moyen d'une grande roue à

Fig. 73. — Ouverture d'une carrière dans la plaine de Montrouge (près de Paris).

échelons : un homme grimpe sur ces échelons, et son poids fait tourner la roue et monter la pierre. Les chiens des couteliers font tourner de la même manière la meule sur laquelle on repasse les couteaux.

Les immenses *catacombes* de Paris, qui étendent leurs innombrables galeries sous les quartiers de la rive gauche, ont fourni la pierre dont est bâtie une grande partie de la ville.

Carrières de marbre. — Les carrières de marbre sont bien moins répandues, et leur exploitation est plus difficile. Le marbre est assez dur pour qu'on soit quelquefois obligé de l'attaquer avec la poudre ; on cherche en outre à obtenir des blocs de grandes dimensions, ce qui nécessite des précautions toutes particulières.

En France, les départements de l'Ariège, de l'Aude, de la Haute-Garonne, des Basses-Pyrénées renferment les principales carrières de marbre : il y en a davantage en Belgique et en Italie.

Les immenses carrières des Pyrénées fournissent des marbres très recherchés. Celles de Carrare et de Serravezza (Italie) expédient dans le monde entier les beaux marbres blancs dont on fait les statues. Les hauteurs qui avoisinent Carrare sont perforées de 720 carrières, dont environ 300 sont en pleine exploitation. Il y a là de véritables montagnes de marbre, qu'on entame par de larges brèches.

Carrières de plâtre. — La pierre à plâtre est assez répandue en France : les carrières de la Provence, de la Bourgogne et des Vosges sont les plus importantes après celles des environs de Paris.

Les collines de Montmartre et de Romainville, à Paris, ne sont que d'immenses amas de plâtre, d'où l'on retire de quoi suffire à la consommation d'une partie de la France et à celle de l'Amérique.

L'exploitation se fait à ciel ouvert ou par galeries : la roche est assez tendre pour que l'usage de la poudre ne soit jamais nécessaire.

Carrières d'ardoises. — Vous savez qu'on nomme *ardoises* des roches siliceuses qui se divisent aisément en lames ou feuillets très minces et parfaitement propres à former des toitures légères et solides.

En France, on trouve des ardoises de bonne qualité dans les Ardennes et près d'Angers : l'exploitation se fait tantôt par galeries, tantôt à ciel ouvert.

Les carrières d'ardoises des environs d'Angers sont très nombreuses et atteignent une grande profondeur, supérieure quelquefois à 140 mètres.

L'ardoise, du reste, est d'autant meilleure qu'on va la chercher à une profondeur plus considérable. Les blocs détachés par le pic et les coins sont élevés jusqu'au niveau du sol dans des caisses rectangulaires au moyen de manèges mus par des chevaux.

Tourbe. — En étudiant la terre végétale, nous avons vu comment le *terreau* se forme par l'accumulation des débris végétaux. Dans les terrains très humides, marécageux, la décomposition des végétaux est extrêmement lente : car leurs débris sont préservés de l'action oxydante de l'air par l'eau dans laquelle ils sont plongés. La proportion de terreau devient alors très considérable, et le sol se recouvre d'une couche de débris enchevêtrés, qui va rapidement en augmentant : le terrain qui se forme ainsi se nomme la *tourbe*.

La tourbe est une matière brune, spongieuse et légère. Elle brûle facilement, en répandant une odeur analogue à celle des herbes sèches. On l'emploie comme combustible, soit à son état naturel, soit sous forme de briquettes séchées au soleil (*fig.* 74).

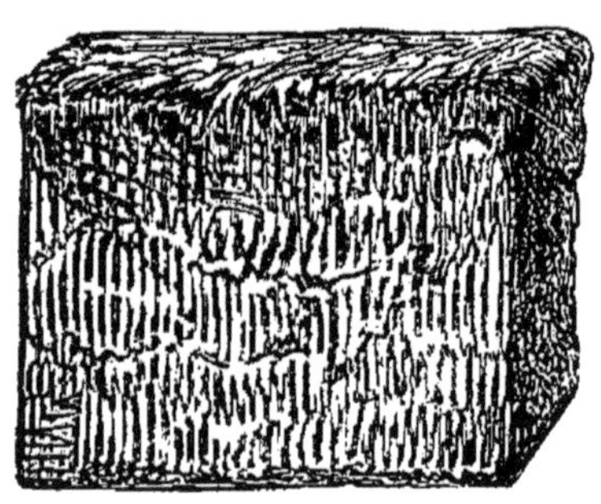

Fig. 74. — Briquette de tourbe.

Les amas de tourbe, qu'on rencontre en grand nombre à la surface de la terre, portent le nom de *tourbières* : il y en a dans lesquelles la tourbe à 18 mètres d'épaisseur.

Certaines tourbières sont actuellement en voie de formation ; d'autres sont enfouies à une petite profondeur sous la terre végétale ; si la tourbe ne s'y forme plus, c'est que le terrain s'est trouvé desséché et assaini, soit à cause du soulèvement lent du sol, soit par suite des travaux des hommes. Les plus grandes tourbières de France sont celles de la vallée de la Somme, près d'Amiens ; il y en a aussi dans les environs de Beauvais, de Dieuze, de Paris. La plupart des prairies de la Normandie sont sur la tourbe. L'unique combustible des Hollandais est la tourbe.

L'exploitation des tourbières se fait toujours à ciel ouvert. On détache à la pelle la tourbe par grosses briques, que l'on fait sécher au soleil.

Houille. — La *houille* est, comme la tourbe, un combustible qu'on retire du sein de la terre. On la trouve en immenses amas, à des profondeurs souvent très considérables : il y a des houillères qui ont plusieurs centaines de mètres de profondeur (*fig.* 75).

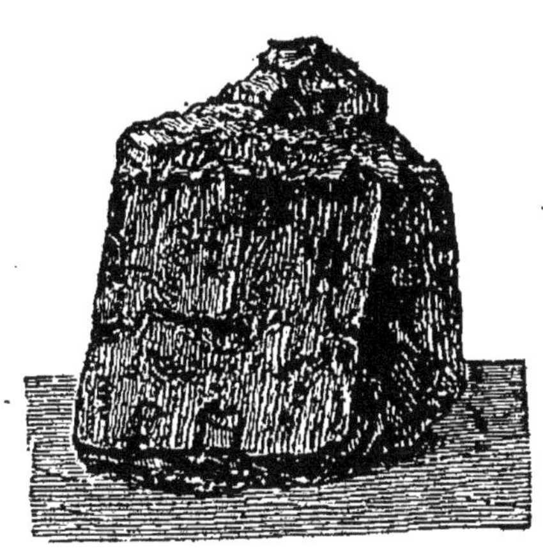

Fig. 75. — Houille.

Depuis plusieurs siècles déjà on connaît la houille, et on sait qu'elle peut brûler ; mais on n'a commencé réellement à l'employer qu'à la fin du siècle dernier, c'est-à-dire il y a cent ans à peine.

Les États-Unis d'Amérique renferment une quantité prodigieuse de houille. Ensuite vient l'Angleterre, qui en a aussi beaucoup : ses nombreux vaisseaux portent ce précieux combustible dans toutes les parties du monde. C'est la houille qui fait la grande puissance industrielle de l'Angleterre. La Belgique et la Prusse ont moins de houille que l'Angleterre ; elles en ont plus que la France.

Nous possédons toutefois plusieurs gisements importants dans le département du Nord, et surtout entre le Rhône et la Loire. La ville de Saint-Étienne, qui était une toute petite ville il y a cent ans, a maintenant plus de cent mille habitants. La prodigieuse prospérité de cette ville est due aux mines de houille qui l'entourent.

Importance de la houille. — Sans la houille, les plus importantes découvertes des temps modernes n'auraient porté presque aucun fruit.

En effet, c'est la houille qui alimente toutes les machines à vapeur, celles des usines, des manufactures, des ateliers, celles des chemins de fer et des bateaux à vapeur. C'est la houille qui éclaire les villes, qui permet la préparation industrielle de presque tous les métaux. Et ce n'est pas tout : car le savant a su retirer de la houille la benzine, qui sert au dégraissage, l'acide phénique, employé en médecine, des couleurs magnifiques et une poudre détonante terrible.

La houille ne le cède en importance pour nous à aucun métal et à aucune pierre.

Origine végétale de la houille. — D'où vient donc ce corps si précieux? A-t-il été déposé par les eaux, ou est-il de formation ignée? Ni l'un ni l'autre; il a, comme la tourbe, une origine végétale.

La houille est le résultat de la décomposition des végétaux qui couvraient les continents à une époque de beaucoup antérieure à la nôtre. Au milieu des massifs de houille, on rencontre fréquemment des

Fig. 76.
Vue d'une tranchée faite dans une mine de houille contenant des troncs d'arbres conservés.

débris de plantes nettement conservés, des empreintes de feuilles et de fougères, des troncs même encore debout dans l'amas de charbon (*fig.* 76).

La houille cependant ne ressemble pas beaucoup à la tourbe: elle est plus lourde, plus compacte et plus noire; mais ces différences s'expliquent par la longue suite d'années pendant lesquelles la houille a été enfouie sous la terre. Dans une tourbière, les couches les plus profondes, c'est-à-dire les plus anciennes, sont les plus compactes, celles dans lesquelles la tourbe ressemble le plus à du charbon. Rien ne nous empêche donc de supposer que la tourbe, en vieillissant encore pendant des milliers d'années, deviendrait de plus en plus semblable à la houille.

Les végétaux qui croissaient à l'époque de la formation de la houille n'étaient pas les mêmes que ceux dont nous contemplons aujourd'hui la verdure. Il y avait surtout en abondance d'immenses fougères, des palmiers, des pins, différents des fougères, des palmiers et des pins actuels.

En résumé, vous voyez que la *houille* est du charbon comme celui dont les arbres sont en grande partie formés, mais du *charbon fossile.* On peut donc, avec raison, lui donner le nom de *charbon de terre.*

Mines de houille. — La houille se trouve toujours en couches parallèles et séparées par des couches de grès et des couches d'argile. Il y a des localités où l'on rencontre jusqu'à soixante couches de houille superposées; l'épaisseur de ces couches, qui est souvent très faible, atteint quelquefois jusqu'à six ou sept mètres. Quant à leur étendue, elle est tout aussi variable.

On donne aux dépôts de charbon de terre le nom de *bassins houillers.* L'exploitation des *mines de houille* se fait le plus ordinairement par galeries, car ces mines sont presque toujours à une grande profondeur. Tout ce que nous avons dit sur l'exploitation par galeries s'applique aux mines de houille. C'est dans ces mines que les puits de descente et les galeries horizontales atteignent les plus grandes dimensions. Certains puits de descente ont 800 mètres de profondeur; certaines galeries, plus d'un kilomètre et demi de longueur.

C'est là surtout que les ouvriers ont à lutter contre mille dangers : dangers d'éboulement, d'incendie, d'inondation, d'explosion, d'asphyxie; aussi sont-ils nombreux ceux qui succombent prématurément.

Les bassins houillers de la France occupent une superficie de 350 000 hectares, et produisent chaque année 12 millions de tonnes de houille; l'Angleterre en produit huit fois plus.

Graphite; crayons. — Le *graphite*, ou *mine de plomb*, ou *plombagine*, est encore un charbon minéral, mais un charbon qui brûle trop difficilement, et qui est trop rare pour être employé comme combustible.

Ce charbon est d'un gris d'acier; il est opaque, doux au toucher, assez tendre pour tacher les doigts. On le rencontre en assez grande quantité dans certains départements français, en Angleterre, dans l'île de Ceylan, et surtout en Sibérie. Les usages du graphite sont nombreux : je ne citerai que les principaux.

La plombagine, découpée en petites baguettes et protégée par des cylindres en bois, forme les crayons à la *mine de plomb*. Les crayons *Conté* sont composés d'un mélange d'argile et de plombagine pulvérisée.

Mélangée avec de l'eau, la poussière de plombagine sert à noircir certains objets en fonte ou en tôle pour les préserver de la rouille. Mélangée avec de l'huile ou avec de la graisse, elle forme le *cambouis*, dont on se sert pour graisser les roues des voitures et les engrenages.

Diamant. — Mais voici qui est plus extraordinaire : le *diamant*, cette pierre si dure, si brillante, si précieuse, est aussi du charbon; on peut le faire brûler comme de la houille, quoique plus difficilement.

Il est très rare, et on ne le trouve jamais qu'en petite quantité dans les sables des Indes, du Brésil, des monts Ourals, du cap de Bonne-Espérance. On n'en trouve pas plus de quelques kilogrammes par an, et la plus grande partie est impropre à servir à la parure.

Le diamant se trouve sous forme de cristaux bien transparents, le plus souvent incolores. C'est le plus dur de tous les corps : aussi les diamants qui ne sont pas assez beaux pour servir à la parure sont-ils employés à couper le verre, à faire les pointes des outils avec lesquels on taille les pierres précieuses, à faire des pivots pour certaines pièces d'horlogerie. Lorsque le diamant est éclairé par une vive lumière, il lance de véritables gerbes de rayons lumineux, qui lui donnent le plus vif éclat : c'est ce qui en fait la première des pierres précieuses. Mais pour qu'un diamant ait tout son éclat, il faut qu'il soit *taillé* et bien poli, ce qui n'est pas facile, à cause de sa grande dureté. Le premier diamant taillé a été porté par Charles le Téméraire, en 1477.

Pour tailler un diamant, on l'use par frottement contre la poussière de diamant, nommée *égrisée*. Pendant longtemps, les ouvriers hollandais ont été sans rivaux dans l'art de tailler le diamant; ils sont maintenant égalés par les ouvriers parisiens.

Un diamant taillé présente un grand nombre de *facettes*, qui lancent la lumière dans toutes les directions. La forme dite en *rose* est représentée en C sur la

Fig. 77. — Diamant.

figure 77; celle dite en *brillant* l'est en D. Le brillant est toujours plus beau que la rose. Les figures A et B représentent des cristaux naturels; mais on les trouve rarement aussi bien formés, et, dans tous les cas, ils n'ont jamais les faces bien brillantes.

Le plus gros diamant connu est celui du rajah de Bornéo : il pèse 62 grammes. Le gouvernement français possède un diamant nommé le *Régent*, qui pèse 28 grammes. Ce n'est pas le plus gros, mais c'est peut-être le plus beau diamant connu. Il est estimé à plus de 10 millions.

Mines de sel gemme. — Le *sel de cuisine* se retire des eaux de la mer[1]. Mais on trouve aussi, sous terre, de grands amas de sel intercalés entre des couches d'argile, qui les préservent du contact dissolvant des eaux souterraines : c'est le *sel gemme*.

C'est l'Europe centrale qui renferme les plus importantes mines de sel gemme. On les exploite par galeries, en blocs qui renferment du sel assez pur pour être immédiatement livré au commerce. Dans les mines de Wieliczka, en Pologne, la première couche de sel est à 300 mètres au-dessous de la surface du sol; les galeries qui traversent ces mines forment une véritable ville, dans laquelle les mineurs ont creusé des chambres habitables.

Sources salées. — Quand les eaux souterraines rencontrent des couches de sel gemme, elles les dissolvent lentement, et, quand elles ressortent à l'extérieur, elles produisent des *sources salées*. Les sources salées ne sont pas rares : il en existe un grand nombre en Allemagne et en Alsace-Lorraine.

Dans plusieurs localités, on fait évaporer l'eau de ces sources par l'action du soleil, du vent et du feu, jusqu'à ce qu'elles laissent déposer le sel.

1. Voir nos *Leçons de Choses*, pages 94 et suivantes.

Sel marin. Importance du sel. — En faisant évaporer l'eau de la mer sur les plages basses, dans des bassins qu'on nomme *marais salants*, on obtient aussi du sel. Les marais salants fournissent même beaucoup plus de sel que les mines et les sources (*fig.* 78).

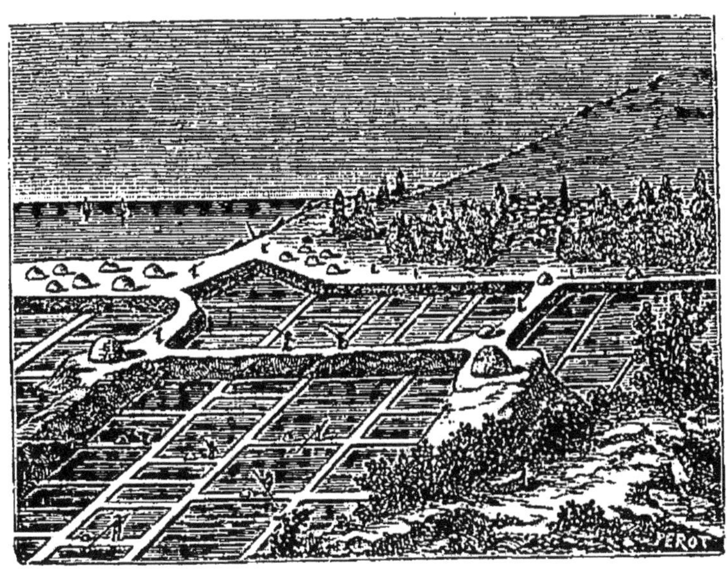

Fig. 78. — Marais salants.

Le sel a une grande importance pour nous. Il est indispensable à la vie de l'homme, et tous les peuples, même les moins civilisés, ont senti l'impérieuse nécessité de saler leurs aliments. On donne même du sel aux animaux, qui en sont très friands. L'industrie aussi en emploie de grandes quantités. En France seulement on consomme chaque année plus de 650 millions de kilogrammes de sel, dont plus des deux tiers pour l'alimentation.

Minerais. — Les roches que nous avons étudiées jusqu'ici sont employées telles qu'elles se trouvent dans le sol : on se contente de leur donner une forme convenable pour l'usage auquel on les destine. Mais il est d'autres roches qui ne peuvent nous servir qu'après avoir subi une transformation.

Voyez cette pierre brune, lourde, dure et cassante, que les géologues appellent *limonite*. Elle n'est propre à aucun usage. Mais qu'on la chauffe fortement avec du charbon, elle sera détruite, et il en sortira du *fer*, le plus précieux de tous les métaux par les services qu'il nous rend. La limonite sert donc à préparer le fer, c'est un *minerai* de fer.

C'est que les métaux ne se trouvent que rarement, et en très petite quantité, à l'état pur, dans le sein de la terre. Il faut les extraire des minerais qui les renferment.

Dans les minerais, les métaux se trouvent *combinés* avec d'autres corps, et particulièrement avec *l'oxygène*. Ainsi, la *limonite* est une *combinaison* de fer et d'oxygène. La *métallurgie* est l'art de *décomposer* le minerai, d'enlever le corps qui était combiné avec le métal, pour laisser celui-ci seul et pur.

Nous ne parlerons ici que des *minerais* des métaux : vous ne pourriez pas encore comprendre les procédés qu'emploie la *métallurgie* pour retirer les *métaux* de leurs *minerais*.

Mines d'or. — L'*or* se trouve à l'état de petites *paillettes* mélangées avec le sable de certains terrains de sédiment. C'est le seul métal qu'on rencontre ordinairement à l'état pur, sans combinaison. On ne retire donc pas l'or d'un *minerai* ; on n'a qu'à le séparer du sable qui le renferme.

Un grand nombre de terrains renferment de l'or, mais toujours en très faible quantité : c'est là la cause de la grande valeur de ce métal. Les paillettes d'or sont séparées, par le lavage, du sable avec lequel elles se trouvent mélangées : un courant d'eau assez rapide entraîne le sable, tandis que l'or, plus lourd, reste sur place. Les mines de la Californie, de l'Australie et du Chili sont les plus considérables. Un grand nombre de rivières roulent aussi des paillettes d'or, mais en si petite quantité qu'on ne les exploite pas : le Rhin est de ce nombre[1].

Mines d'argent. — L'*argent*, au contraire, se trouve rarement à l'état pur. On est obligé de le préparer au moyen des *minerais* qui en renferment. Ces minerais sont presque toujours en *filons* qui traversent les terrains de sédiment. Les mines d'argent les plus riches sont celles du Mexique, du Pérou et du Chili ; il y en a aussi en Europe, principalement en Saxe et en Norvège.

Mines de plomb. — Les minerais de *plomb* sont plus répandus que ceux d'argent : souvent les mêmes *filons* renferment à la fois du minerai de plomb et du minerai d'argent. Les mines de plomb se trouvent surtout en Angleterre et en Espagne. Il y en a aussi en France, dans plusieurs départements : Ille-et-Vilaine, Finistère, Puy-de-Dôme, Lozère, Haute-Loire, Loire, Isère, Hautes-Alpes et Gard.

Mines de cuivre. — Les mines de *cuivre* sont assez abondantes en Angleterre, en Allemagne, au Mexique, au Chili, en Chine et au Japon. Celles de France sont peu nombreuses et peu importantes.

Mines de fer. — Le *fer* est le plus important des métaux : on pourrait, a dit un chimiste célèbre, mesurer la civilisation d'un peuple par la quantité de fer qu'il consomme. La quantité de fer que l'on prépare et que l'on travaille tous les ans, est bien plus considérable que la quantité employée de tous les autres métaux réunis.

De tous les pays du monde, c'est l'Angleterre qui renferme le plus de minerais de fer. La France en

1. Voir, pour plus de détails sur ces métaux, nos *Leçons de Choses*, pages 30 et suivantes.

possède aussi des gisements considérables en Normandie, en Berry, en Lorraine, en Franche-Comté, en Champagne et dans les Alpes. Les dépôts superficiels sont exploités à ciel ouvert; les couches profondes le sont par des puits et des galeries souterraines.

FIN.

TABLE DES MATIÈRES.

PREMIÈRES NOTIONS SUR LES PIERRES ET LES TERRAINS.

PREMIÈRE PARTIE. — PIERRES.

CHAPITRE Ier.

Caractères distinctifs des pierres.

CHAPITRE II.

Calcaire.

CHAPITRE III.

Pierre à plâtre.

CHAPITRE IV.

Argile.

CHAPITRE V.

Pierres siliceuses.

CHAPITRE VI.

Granit et sables.

DEUXIÈME PARTIE. — TERRE VÉGÉTALE.

CHAPITRE Ier.

Composition de la terre végétale.

CHAPITRE II.

Culture des terres végétales.

TROISIÈME PARTIE. — EAU.

CHAPITRE Ier.

Eaux souterraines.

CHAPITRE II.

Torrents.

CHAPITRE III.

Eau des mers, des lacs, des rivières.

CHAPITRE IV.

Glaces du pôle. — Glaciers.

QUATRIÈME PARTIE. — TERRAINS.

CHAPITRE Ier.

Terrains de sédiment. — Fossiles.

CHAPITRE II.

Terrains ignés. — Volcans.

CHAPITRE III.

Carrières et mines.

CHAPITRE IV.

Exploitation des roches les plus utiles.

MATÉRIEL

POUR L'ENSEIGNEMENT DES SCIENCES NATURELLES.

CLASSE DE SEPTIÈME.

Collections d'échantillons en nature.

Calcaire à cérithes;
Calcaire oolithique;
Marbre gris de Flandre;
Marbre petit granit;
Marbre saccharoïde;
Pierre lithographique;
Craie;
Gypse fer de lance;
Gypse compact;
Meulière;
Cristal de roche;
Silex en rognon;
Silex taillé;
Agate brute taillée;
Grès siliceux;
Grès blanc calcaire;
Grès des Vosges;
Granit;
Feldspath;
Mica;
Porphyre;
Plâtre cuit;
Marne;
Terre à brique;
Brique;
Terre à poterie;
Poterie;
Faïence;
Terre à porcelaine;
Porcelaine;
Schiste ardoisier;
Sable;
Cailloux roulés de silex;
Cailloux roulés de granit.
Terre légère;
Terre forte;
Cailloux striés et polis;
Lave poreuse;
Lave à cristaux;
Houille;
Graphite;
Sel gemme;

3 Minerais de fer principaux;
2 Minerais de cuivre;
1 Minerai de plomb;
4 Fossiles animaux : cérithe, ammonite, poisson, crustacé (de ces deux derniers on fournira des moulages d'empreinte);
2 Fossiles végétaux.

4 *Tableaux montés sur toile :*

Carrière d'argile et de calcaire;
— de craie;
Vue d'un glacier;
Plantes de la houille.

Ouvrages du même auteur :

Éléments usuels des Sciences physiques et naturelles, rédigés conformément au programme du 18 janvier 1887, sous forme de Leçons de Choses, à l'usage du *Cours élémentaire* des écoles primaires de garçons et de filles, par *M. E. Bouant :* 4e édition; 1 vol. in-12, *avec* 137 *gravures dans le texte*, *cart.* 1 f.

Éléments usuels des Sciences physiques et naturelles, rédigés conformément au programme du 18 janvier 1887, à l'usage du *Cours moyen* des écoles primaires de garçons et de filles, par *M. E. Bouant :* 4e édition; 1 vol. in-12, *avec* 203 *gravures dans le texte*, *cart.* 1 f. 25 c.

Éléments usuels des Sciences physiques et naturelles, rédigés conformément au programme du 18 janvier 1887, à l'usage du *Cours supérieur* des écoles primaires de garçons et de filles, par *M. E. Bouant :* 2e édition; 1 vol. in-12, avec 170 *gravures dans le texte*, *cart.* 1 f. 25 c.

La Physique et la Chimie du Brevet élémentaire de Capacité de l'Enseignement primaire, ouvrage rédigé conformément aux programmes officiels, à l'usage des élèves des Écoles primaires supérieures, des aspirants et des aspirantes au brevet élémentaire et des candidats aux Écoles normales primaires, par *M. E. Bouant :* 5e édition; 1 fort vol. in-12, *renfermant* 340 *gravures dans le texte*, *cart.* 3 f. 50 c.

Cours de Physique et de Chimie, conforme aux programmes du 10 janvier 1889 prescrits pour les *Ecoles normales primaires d'instituteurs et d'institutrices*, par *M. E. Bouant :* nouvelles éditions, avec emploi des *notations atomiques en Chimie;* 5 vol. in-12, *avec nombreuses figures dans le texte :*

1° Écoles normales d'instituteurs; 3 vol. in-12 :

Cours de Physique et de Chimie, Première année : 5e édition; 1 vol. in-12, *avec* 209 *gravures dans le texte*, *cart.* 3 f.

Cours de Physique et de Chimie, Deuxième année : 6e édition; 1 vol. in-12, *avec* 150 *gravures dans le texte*, *cart.* 3 f.

Cours de Physique et de Chimie, Troisième année : 5e édition; 1 fort vol. in-12, *avec* 341 *gravures dans le texte et une planche en chromolithographie*, *cart.* 5 f.

2° Écoles normales d'institutrices; 2 vol. in-12 :

Cours de Physique et de Chimie, Premier volume, Deuxième année : 8e édition; 1 vol. in-12, *avec* 194 *gravures dans le texte*, *cart.* 3 f.

Cours de Physique et de Chimie, Deuxième volume, Troisième année : 7e édition; 1 fort vol. in-12, *avec* 317 *gravures dans le texte*, *cart.* 4 f.

Paris. — Imprimerie DELALAIN FRÈRES, 18, rue Séguier.

www.ingramcontent.com/pod-product-compliance
Ingram Content Group UK Ltd.
Pitfield, Milton Keynes, MK11 3LW, UK
UKHW012223240726
13966UKWH00003B/923